DESIGN
BASICS

FROM IDEAS TO PRODUCTS

设计的根本

从构思到产品

[瑞士] 格哈德·霍伊夫勒
[瑞士] 迈克尔·兰兹　编著
[瑞士] 马丁·普雷滕塔勒
刘壮丽　译

辽宁科学技术出版社
·沈阳·

This is translation edition of **Design Basics**, first published by Niggli, Imprint of Braun Publishing AG

© 2004 Niggli, imprint of Braun Publishing AG, Salenstein, www.niggli.ch
2nd edition 2020, ISBN 978–3–7212–0988–4
All rights reserved.

© 2020 辽宁科学技术出版社
著作权合同登记号：第 06–2019–135 号。

图书在版编目（CIP）数据

设计的根本：从构思到产品 / (瑞士) 格哈德·霍伊夫勒, (瑞士) 迈克尔·兰兹, (瑞士) 马丁·普雷滕塔勒编著；刘壮丽译. — 沈阳：辽宁科学技术出版社，2020.10
ISBN 978–7–5591–1734–2

Ⅰ. ①设… Ⅱ. ①格… ②迈… ③马… ④刘… Ⅲ. ①产品设计—研究 Ⅳ. ①TB472

中国版本图书馆CIP数据核字（2020）第159967号

出版发行：辽宁科学技术出版社
　　　　　（地址：沈阳市和平区十一纬路25号　邮编：110003）
印 刷 者：辽宁新华印务有限公司
经 销 者：各地新华书店
幅面尺寸：170mm × 240mm
印　　张：15.5
字　　数：380千字
出版时间：2020年10月第 1 版
印刷时间：2020年10月第 1 次印刷
专业审读：单军军 / 新易设计坊
责任编辑：闻　通
封面设计：李　彤
版式设计：▩ 鼎籍文化创意　马婧莎
责任校对：韩欣桐

书　　号：ISBN 978–7–5591–1734–2
定　　价：98.00元

联系编辑：024-23284740　邮购热线：024-23284502
投稿信箱：605807453@qq.com
http://www.lnkj.com.cn

在本书中选择使用男性人称代词"他"是为了便于阅读，但信息所指包括男性和女性。陈述的所有个人应理解为中性，尤其是"设计师"，指男性和女性设计师。

为了便于阅读，"奥地利格拉茨约阿内高等专业学院应用科学学院工业设计系"被简化成"约阿内高等专业学院工业设计系"或"约阿内高等专业学院"。

我们将本书献给杰出的工业设计师格哈德·霍伊夫勒，祝贺他在工业设计领域所取得的成就，更要感谢他在工业设计课程设置中所起到的重要作用。在约阿内高等专业学院任教的数年中，他把他的理论和实践知识无私地传授给众多学生。他的论著《设计的根本》一直是业界公认的标准，最新版由迈克尔·兰兹和马丁·普雷滕塔勒修订，并补充了一些约阿内高等专业学院工业设计系的设计案例。

目录

设计过程解析　　　　　　　　　　　　　98

案例研究　　　　　　　　　　　　　148

前景展望　　　　　　　　　　　　　228

附录　　　　　　　　　　　　　　　236

前言

我们所处的时代瞬息万变，设计及其相关工艺也随之而变。如今的设计师不仅要设计出产品，还要设计出整个产品生产体系，甚至包括产品的商业运作模式。经济效益不再是产品设计过程中单纯要考虑的因素，生态因素和社会因素逐渐变得不容小觑。设计的目的不仅仅是通过更好的产品去改善消费者的生活质量，还要有利于整个社会的可持续发展。对于设计的这种深层解读在以下两本书中有所提及：一本是乌苏拉·娣瑟舒娜撰写的《这是生态设计吗？》[①]，由德国环保协会出版；另一本是贝恩德·佐默和哈拉尔德·韦尔策合著的《变形设计》[②]。其实，早在 1971 年，维克多·帕帕奈克就在他的著作《为现实世界而设计》[③] 中阐述了"设计师必须承担社会责任"这一观点。

在 20 世纪 70 年代，我们经历了石油危机。如今，令设计师日益头疼的困扰是要面对气候变化和资源短缺等全球问题，因此，在设计过程中，他们要不断思考如何解决这些问题。其实这也未尝不是一件好事儿，因为这些复杂的任务迫使设计师必须拥有更加独特的处理问题的技巧、全方位思考问题的能力和触类旁通的知识储备。实际上，设计远不只是对产品或系统的设计，还要体现出设计师的设计思维方法，这一点在各个设计相关领域都得到了越来越明显的诠释。设计思维是指采用以用户为中心的方法，通过设计手段创造出全新的产品或服务，以适应用户明显的和隐藏的需求。不言而喻，设计思维是一种可以反复利用的设计方法论，可以成功地为各种问题提供解决方案。

在公司、非政府组织乃至整个社会的转型过程中，设计师无疑起到了明显的推动作用。在最近几年，麦肯锡、埃森哲、凯捷等国际知名管理咨询公司都已经将设计代理纳入公司的组织机构之中。

谈到产业和社会的转型，人们往往会想到另一个话题：数字化的发展。与此密切相关的关键词包括人工智能、物联网、机器人技术和大数据，这些词借助媒体的传播而为人们所熟知。但是，谙熟这些新生事物背后具体含义的人却少之又少，又有多少人真正了解这些技术能给我们的生活带来怎样的改变呢？"无知"的后果就是恐惧和拒绝。设计的作用正是通过以用户为中心的设计思维帮助降低这些新生事物的"认知"复杂性，进而使它们在普通大众面前变得更加通俗易懂，方便易用。

工业的发展提升了设计在许多领域的地位，最终使设计成了"老板的得力助手"，因此，设计师一直很抢手。我们不难发现，有些人尽管没有经济学或工程学的学历背景，却能成为公司高层管理人员，只是因为他们拥有设计专业的学历。回顾 21 世纪之初，很多公司为了节约成本而裁掉了设计部门，把公司的设计外包。而在最近几年，事情发生了变化：

---

① Tischner, Ursula et al.: Was ist EcoDesign? Birkhäuser Verlag, Basel, 2000
② Sommer, Bernd and Welzer, Harald: Transformationsdesign, oekom Verlag, Munich, 2014
③ Papanek, Victor: Design for the real world, Thames & Hudson, 2nd revised edition, 1985

设计部门重新被公司所看重。尤其是在用户体验（UX）设计领域，对于专业人才的需求量很大。随着苹果产品的普及，几乎每一个产品生产商都意识到了 UX 的重要性，也就是说，用户在使用或参与产品、系统或服务时的积极体验是决定一家公司成功的关键。

约阿内高等专业学院位于奥地利格拉茨，我们的工业设计系会根据市场的需求随时调整培养方案，像"机械电子学"课程主要讲授和测试基于开源电子原型平台的原型设计，"界面设计和可用性"课程会讲授如何提升售票机等设备的复杂应用系统的操作理念，使之追赶上产品设计领域的数字化发展步伐。开设于 2016 年的"生态创新设计"和"出行设计"两个研究生专业课程彰显了学院的发展策略。"生态创新设计"专业主要解决的是产品和产品系统的可持续发展问题，我们不单纯研究材料的环保性，更要研究如何提升人们在产品使用过程中的责任意识，从而确保生活的可持续性，例如，利用智能租赁系统（即"使用而不占有"）或通过改变生活方式来节约资源，与自然共处，进而实现整个社会的可持续发展。"出行设计"专业的目标亦是如此，只是把关注点聚焦于"出行"概念上。在这两个专业中，我们不仅注重对产品和产品系统的思考，更要开发相关的服务。如今的设计师不再只是提供产品解决方案，而是要设计出完整的产品生态系统，从更加有意义的角度来说，设计师的任务是提供新型的商业模式。

本书所涵盖的设计案例研究足以反映出设计师角色的转换，同时，我们很高兴地看到约阿内高等专业学院产品设计专业新生代学生正在学习实用的知识和技能，以应对未来的种种挑战。

迈克尔·兰兹
2019 年写于格拉茨

设计的发展历程及
工业设计的定义

引言

设计史

从设计史的角度看，设计被归类为一门系统的学科始于19世纪中期的工业革命。然而，设计的起源要追溯到更久远，在艺术史、考古史和建筑史等学科中都有关于设计的记载。既然设计与人类息息相关，我们就不能简单地把设计史看成一个无生命的年表，而且文化传媒、哲学、心理学和语言学等学科知识对设计史的影响也不容忽视。在20世纪初期，对设计师的培养体现了设计自身的特点，同时也受到一些著名的思想家、团体和学派的影响。现代主义伊始，设计史经历了它的第一个高潮，并且伴随着工业化大规模生产一起发展，设计开始推崇功能至上的理念。这一时期的核心思想是美国建筑师路易·沙利文（1856—1924）的一句名言"形式服从功能"，这句话在产品设计和建筑设计中起了决定性的作用。[1]

在20世纪70年代对功能主义的初步批判之后，反叛现代主义的后现代主义正式出现，它是对现代主义的延伸。设计方向趋于多元化和多样性，从可持续设计到数字化设计，再到"艺术与设计的结合"。

在设计史的各个时期中，包豪斯存世较短，但它却是迄今为止在出版物中被研究和记录得最为详尽的一个学说。索耐特、好利获得、维特拉等在设计史上占有一席之地的老牌公司也一直在努力塑造自身的品牌形象，巩固其历史地位。越来越多的设计博物馆和它们的设计藏品，以及目前的展览都在持续地为设计史研究做出贡献。除了以上提到的团体，设计师的著作也在为设计史的研究不断注入新的内容。

我想推荐几位在设计史领域具有代表性的图书作者：凯瑟琳娜·贝伦兹，伯恩哈德·E.布尔戴克，佩特拉·艾斯勒，托马斯·哈福，维克托·马戈林斯，格特·泽勒。

从农耕社会到工业革命

设计的起源和人类历史一样悠久！

既然人类一直在使用工具，那么这些工具应该如何设计的问题便会应运而生。早在原始社会，人们就会根据功能的需求将某些材料打造成不同的形状，楔子是最早的人造产品之一。在农耕社会的早期阶段，每个人都会制作出自己需要的工具。在这一时期，生产者亦是消费者，每一件产品都是独一无二的。

---

[1] Sullivan, Louis H.: The Tall Office Building Artistically Considered, in: Lippicott's, March 1896

工业革命之前的艺术珍品

图坦卡蒙皇家马车

专为统治者图坦卡蒙（公元前 1341—前 1323 年）而设计

这驾艺术品质极高的皇家马车诞生于 3000 多年前的古埃及文明，图坦卡蒙法老（第 18 王朝）陵墓的发现揭开了一些具有象征意义的艺术珍品的面纱。随着后现代主义的出现，艺术表现的象征意义在现代设计史上变得越来越重要。法老的马车与其说是用于狩猎或决斗，不如说是权利的象征。这些物品只为君主统治者而制作，普通民众是无法享用的。时至今日，世人仍然惊叹于古代工匠和艺术家的高超技艺。

当然，面对这些文物（手工艺品），人们并没有去研究它们的设计者，而是更多地去研究它们在工艺、考古或艺术史和建筑史上的价值。这些生产工具、车辆、战争装备等物品见证了人类文明的发展进程，也展现了人类的设计能力。由此可见，古代文物能映射出产品设计的文化起源。

公元前 1332 年，图坦卡蒙作为第 18 王朝的法老登上埃及王位，这驾象征最高权力的马车（复制品）很可能是君王的专属用品

维特鲁威和首个设计理论方法

列奥纳多·达·芬奇
文艺复兴时期的博学家，15—16 世纪

在穿越时间之旅中，我们依然将目光停留在古代，需要提及的就是罗马建筑师、工程师和理论家维特鲁威（约公元前 80—前 10）和他的论著《建筑十书》。在卷 1 的第 3 章中，他提出了"一切建筑都必须符合三个要素：坚固、适用和美观"[1] 的指导原则。

"维特鲁威为 20 世纪出现的功能主义概念奠定了基础，他的论点直到今天对设计依然具有指导意义。"[1] 这是第一个论述产品的可用性和美观性的设计理论方法。

现在，我们继续穿越到由中世纪向现代过渡的文艺复兴时期，重点要探讨的一个人物是列奥纳多·达·芬奇（1452—1519）。就他的贡献而言，这个博学的人可以说是设计第一人，他的《维特鲁威人》呈现出完美的人体比例，同时他还能绘制出精确的人体解剖图和飞行器构造，这些都足以证明他有能力把科学知识和艺术想象有机地结合起来。列奥纳多·达·芬奇被誉为天才发明家、设计师、建筑大师、科学家，不过，归根结底他应该是一位才华横溢的设计师。[2]

列奥纳多·达·芬奇，《维特鲁威人》，　　　　　《列奥纳多·达·芬奇自画像》，约 1515 年，
人体比例素描，约 1492 年　　　　　　　　红色粉笔素描，33.2 cm x 21.2 cm

① Bürdek, Bernhard E.: Design: Geschichte, Theorie und Praxis der Produktgestaltung, Birkhäuser Verlag, Cologne, 2015
② Bürdek, Bernhard E.: Design: Geschichte, Theorie und Praxis der Produktgestaltung, Birkhäuser Verlag, Cologne, 1991

工业时代初期的技术发明

前工业化时期的设计—历史决定论—工业革命
发明—社会动荡—情绪高涨与技术，19 世纪

19 世纪是一个社会大变革的时代，满足人类需求的科技发明层出不穷。在欧洲，人口急剧增长，居民人数从 1.8 亿（约 1800 年）增加到 4.6 亿（1914 年），增长了 1.5 倍多，从而导致对产品需求的不断增加。在医学领域，最早的疫苗和 X 线得以发现。化学有了飞跃的发展，人们已经可以成功地大批量炼铝和制造氯气。大规模生产开启了工业时代之门，托马斯·阿尔瓦·爱迪生发明了电灯，艾萨克·梅里特·辛格发明了缝纫机，卡尔·本茨发明了世界上第一辆汽车。这些发明主要来自科学实验和建造领域，设计的发展并没有引起人们的重视，流传下来的经典设计案例也不多见。

在设计的发展过程中，不同的时代都会触发设计风格的改变。下图概述了各个时期及其存世的时间范围。并不是所有的时期都有一个明确的开始和结束时间，时期的更替往往是逐渐完成的。有些设计风格对当今设计的影响依然存在，比如"有机设计"。在接下来的章节中，我们要介绍几个重要的时代及其最有影响力的代表性设计风格。

19—20 世纪各个年代的重要设计风格一览表

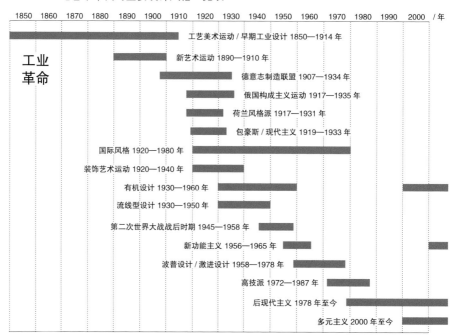

大批量生产的椅子征服了全世界

迈克尔·索耐特和工业批量生产模式

早期工业设计，1850—1914 年

迈克尔·索耐特（1796—1871）很早就试图通过施加力使木材弯曲后呈现出新的形状，最终成功地运用层压定型和蒸汽木材软化法使山毛榉木棒永久变形。睿智的索耐特利用了新兴工业化的潜力，开发出特别适合工业化大规模生产的新工艺。方形木材先被运到锯木厂和车床厂进行加工，然后被放置到蒸汽炉里，最后把软化后的木材手工弯曲成流线型。在干燥窑中，它们会呈现出新的形状。基本形状的标准化使得批量生产座椅、桌子、摇椅、网球拍等系列产品成为可能。曲木家具中最经典的作品当属 1859 年设计完成的"索耐特椅子第 14 号"，至今仍在生产，销量超过 5000 万把。这款椅子从奥匈帝国流行到维也纳，最后畅销至整个欧洲和美国，成为大众消费品的经典之作。新兴的市场营销手段更是促进了椅子的销售，比如印刷成册的商品目录、海报和展销会等。索耐特包装箱也堪称设计中的传奇，容积 1 m³ 的箱子可以容纳 36 把椅子的拆分零件，极大地方便了包装和运输。[1]

索耐特曲木家具标志着设计新纪元的开始，著名建筑师勒·柯布西耶说："从来没有什么东西在构思上比它更优雅、更好，在制作上比它更精确，在使用上比它更高效。"[2]

"索耐特椅子第 14 号"，1859 年　　　　　　容纳 36 把椅子拆分零件的索耐特包装箱

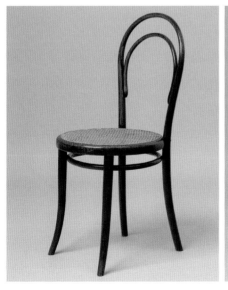

① Berents, Catharina: Kleine Geschichte des Design, Verlag C.H.Beck, Munich, 2011
② Hauffe, Thomas: Geschichte des Designs, DuMont Buchverlag, Cologne, 2014

设计企业形象的企业设计师第一人

彼得·贝伦斯，德意志制造联盟的重要奠基人

德意志制造联盟，1907—1934 年

1907 年，彼得·贝伦斯（1868—1940）受聘担任德国通用电气公司（AEG）的艺术顾问，并成功地使公司在随后几年使用了统一的设计语言。AEG 是世界领先的电气公司之一，生产工业涡轮机、电动机和小型家用电器。如今，贝伦斯被誉为企业设计师第一人，因为他不仅负责为公司设计产品，还设计了风格统一的字体、广告、价目表、公司建筑和销售中心，位于柏林的 AEG 涡轮机工厂可以说是现代工业建筑的一座里程碑。贝伦斯在设计电风扇、钟表和热水器时，尽量避免借用历史风格和过多的装饰。对于使用贵重材料制成的家电产品，他主张外观的简洁。另外，他设计的电水壶系列就是通过改变形状、容量、材料和表面装饰而完成的。他还引入了部件标准化系统，广泛应用于产品的批量生产中。

由贝伦斯等人创建的德意志制造联盟追求的目标是建立新的审美标准，从而提高德国产品的质量。联盟成员包括当时的一些著名建筑师、艺术家和企业家，其诞生目标是增强德国产品在世界市场上的竞争力。

彼得·贝伦斯在 1910—1912 年设计的 AEG 台式电风扇 NGVU 2（中）和在 1930 年前后设计的 AEG 台式电风扇 NOVU 2（左和右）

激进批评家路斯的《装饰与罪恶》

1900 年前后的维也纳：艺术和新艺术运动之都

阿道夫·路斯—维也纳工作室—对装饰的褒与贬

在世纪之交（约 1900 年），维也纳确立了其"品位高雅之都"的地位。与此同时，埃贡·席勒和古斯塔夫·克里姆特等艺术家在艺术界掀起了一场革命。建筑师约瑟夫·霍夫曼（1870—1956）创立了维也纳工作坊，为富有的新兴企业家和中上阶层客户制作家具。维也纳工作坊想借助家具、餐具、眼镜和瓷器等高质量的产品形成自身独特的、具有影响力的风格，然而，阿道夫·路斯（1870—1933）对这些艺术家的观点提出了异议。在美国的居住经历对路斯产生了很大的影响，位于维也纳市中心米凯拉广场的第一个无装饰的建筑就是他设计的。这座建筑曾遭到诋毁，路斯在自己的著作中对这种批评进行了辩解。他最重要的理论著作《装饰与罪恶》被公认为现代主义的经典之作，魏玛包豪斯学校的创始人沃尔特·格罗皮乌斯（1883—1969）等艺术家受其影响颇深。路斯在书中对复古主义和花哨的新艺术运动进行了抨击，他最重要的观点是：日常用品的设计与艺术并无关联性。与他同时代的许多人，如上文提到的约瑟夫·霍夫曼，更多地把自己视为艺术家，而不是产品设计师或设计师，究其原因，当时在德语中还没有"设计"一词。[①]

阿道夫·路斯 1931 年为维也纳美式酒吧设计的"饮料服务第 248 号"，罗博迈生产

在玻璃杯的底部刻有细格，折射出柔和的光线

---

① Loos, Adolf: Ornament & Vebrechen (Ed. Peter Stuiber), Metroverlag, Vienna, 2012

世界上第一所设计学校——德绍包豪斯

魏玛、德绍和柏林包豪斯

功能主义和现代主义，1918—1932 年

包豪斯是一个神话，虽然它只存在了 14 年（1919—1933），却在 20 世纪的建筑、设计和艺术领域占有重要的地位。沃尔特·格罗皮乌斯是功能主义最早期的拥护者，他在德国创建了包豪斯学校，使其成为现代主义的中心。1925 年，格罗皮乌斯在德绍以开创性的手法设计了一座集工作、居住、学习、体育和娱乐为一体的建筑。这座综合性大楼毫无装饰，透明玻璃是建筑的主体，车间部分更是采用了大片的玻璃幕墙，从二层延伸到四层。格罗皮乌斯提出了艺术、工艺和技术的新型结合模式："包豪斯倡导各门艺术创作的统一性，重建雕塑、绘画、艺术、工艺和手工艺的融合，使它们成为一种新型建筑艺术中不可分割的组成部分。" [1]

在包豪斯的理念中，建筑和设计首先要有一个社会目的，即住房和相应的家具等基本需求应以低成本提供给大众。包豪斯倡导"艺术和技术的新统一"，主张家具和器皿要为批量生产而设计，借助于定型化和标准化，研发出适合批量生产的产品。

在第二任校长瑞士建筑师汉内斯·迈耶的领导下，包豪斯经历了一次转型，成为一所

沃尔特·格罗皮乌斯 1925—1926 年设计的德绍包豪斯校舍的车间部分（玻璃幕墙结构）

---

[1] Gropius, Walter - from the program of the "Manifesto of the Staatliches Bauhaus", Weimar, 1919

"设计大学"。不传播无价值的艺术作品，而是与制造业合作生产日常用品。迈耶主要关注的是如何精心设计出人们能负担得起的产品和建筑。在迈耶的带动下，许多学生变得很激进，热衷于共产主义。1930 年，迫于政治压力，迈耶离开了包豪斯，带领 12 名学生移居莫斯科。

1930 年，路德维希·密斯·凡·德·罗（1886—1969）被任命为包豪斯的第三任校长，但在纳粹的压制下，他不得不在 1932 年关闭包豪斯。随后，他试图将包豪斯变成一所私立学校，在柏林继续开办下去。然而，这并不能终止学校和纳粹之间的冲突。密斯·凡·德·罗在 1933 年被迫宣布解散包豪斯，他本人于 1938 年移民美国，任伊利诺工学院建筑系主任。

密斯·凡·德·罗坚持"少即是多"的功能主义美学思想，利用精简降低成本，追求"纯粹"的造型所呈现出的"美感"。

马塞尔·布鲁尔是包豪斯最重要的人物之一，他设计了首套钢管家具，成为现代主义的象征。他最著名的设计是 1925—1926 年创作的"瓦西里之椅"。

出于政治原因，包豪斯的学生和教师大部分都被迫移民国外，包豪斯的理念并没有因此而消亡，相反却被带向全世界，促进了设计研究、设计教学和设计实践的进一步发展。当年来自 29 个国家的学生齐聚在包豪斯学习，之后他们都回到了自己的祖国，继续传播包豪斯理念。

马塞尔·布鲁尔 1926 年为俱乐部设计的"瓦西里之椅"第二版

首位推动造型设计在美国广泛传播的明星设计师

雷蒙德·洛威和流线型风格

流线型设计，1930—1950 年

流线型风格与美国最著名的设计师雷蒙德·洛威（1893—1986）有着密不可分的关系。洛威出生于巴黎，在第一次世界大战结束后去了纽约，在那里他第一次担任时装设计师，并在 1929 年开设了自己的设计工作室。凭借自我炒作和个人魅力，他迅速崛起，成为一名美国明星设计师。在全球经济危机和相关销售数据下滑时期，他深知如何刺激消费者的需求和购买欲。他的设计理念不是源于产品的功能，而是更倾向于流线型的形式。流线型风格在实质上是一种外在的"造型设计"，暗示着活力，笃信进步和乐观。作为一名设计顾问，洛威擅长利用造型手段来促销过气的产品，由他设计的著名的飞机发动机形状的卷笔刀，立刻赋予一件普通的文具以十足的动感和熠熠发光且充满魅力的外表。

洛威是一位公关天才，他为唤醒美国公众的设计意识做出了很大贡献。他在 1951 年出版的著作《精益求精》中写道："我的产品应该具有纪念意义和一定的魅力。"

雷蒙德·洛威身后的墙面上贴满了他为客户设计的商标

雷蒙德·洛威 1933 年设计的飞机发动机形状的卷笔刀

展示柔和流动外形的有机设计

查尔斯·伊姆斯和埃罗·沙里宁试验性地使用胶合板

有机设计，1930—1960 年

纽约的现代艺术博物馆（MoMA）在 20 世纪 30 年代就已经开始收藏设计作品，并通过举办展览和竞赛成为美国的一家设计机构。1940 年，MoMA 举办了一场名为"家庭陈设中的有机设计"的竞赛，查尔斯·伊姆斯（1907—1978）和埃罗·沙里宁（1910—1961）获得了一等奖。在此之前，他们在设计有机形状的家具方面已经积累了一定的经验。在1941 年的"有机设计展"中，人们只看到了一些无法投入实际生产的模型和小规模的系列作品。后来，伊姆斯和他的妻子蕾搭档研发出一种制作有机形状的胶合板椅子的新方法，才使得胶合板家具变成可能。他们将涂胶的几层单木板放入石膏和金属丝预制的模具中，用一台称为"卡扎姆"的机器热压，从而获得各种形状的胶合板。通过材料的创新，他们收到了美国海军的订单，为伤病员生产腿部夹板和担架。伊姆斯和蕾对玻璃纤维、塑料和胶合板等材料进行了有趣的探索，并用这些材料设计出一件件标志性的家具。时至今日，他们的设计仍然被美国的赫曼米勒和德国的维特拉公司所采用，并持续生产热卖。他们的工作建立在激情、创造力和严肃性的基础之上，这在蕾的格言"认真对待你的快乐"中得到了很好的表达。

伊姆斯夫妇的设计作品：沙发椅和搁脚凳，1956 年；结构边桌，1950 年；伊姆斯塑料扶手椅（结构摇椅），1950 年；伊姆斯大象椅（胶合板），1945 年

"从汤勺到城市"

乌尔姆设计学院，1953—1969 年

第二次世界大战结束后，为了纪念被纳粹杀害的白玫瑰抵抗组织主要成员汉斯·朔尔和苏菲·朔尔兄妹，朔尔兄妹基金会得以成立，后来发展为乌尔姆设计学院。学院遵循包豪斯的传统，以建立一种新的功能美学文化为目的，坚持马克斯·比尔提出的"从汤勺到城市"的设计理念。由于学院推行民主政治，学生早在 1955 年就被授予了共同决策权。学院设立了 4 个系：产品设计、信息、视觉传达和工业建筑。乌尔姆设计学院成功地将设计科学化，开发了产品规划方法，加速了人机工学与设计过程的结合，开发了面向批量生产的系统设计。乌尔姆设计学院放弃了包豪斯的教学计划，取消了基础课程，引入自然科学和工程科学，削减了艺术技能培训。课程设置包括人机工学、数学、经济学、物理学、符号学等学科。这种强烈的理性主义和设计的科学化背离了设计的艺术性，引发了混乱和争议，导致马克斯·比尔最终辞去了校长一职。此外，由于政府取消了资助，资金短缺加剧了危机。1968 年，迫于学院对环境设计的高道德标准以及朔尔兄妹基金会与政府所发生的冲突，乌尔姆设计学院不得不关闭。

形式服从功能

——路易·沙利文，1869 年

少即是多

——路德维希·密斯·凡·德·罗，1947 年

简约却更精致

——迪特·拉姆斯，20 世纪 70 年代

迪特・拉姆斯和他的设计理念"简约却更精致"

博朗设计

新功能主义，1956—1965 年

从 20 世纪 60 年代起，乌尔姆设计学院为公司所设计的企业标识和视觉传达系统均以简约为特征。奥托・艾舍为汉莎航空公司所做的企业标识设计一直沿用至今，其间改动甚微。此外，他还为 1972 年慕尼黑奥运会设计了简练的象形图标，这是一种全球通用的标识语言，而他首次将体育赛事的图标人物标准化，简约易懂。他的设计理念构成了视觉传达领域重要的基础理论。在产品设计方面，博朗公司（Braun AG）始终坚持采用以建构主义和功能主义美学为基础的"乌尔姆风格"。清晰的几何化图形，秉承低调不张扬的原则，赋予产品永恒的魅力。迪特・拉姆斯是德国最有影响力的产品设计师之一，他于 1961 年出任博朗公司设计部主任，他将技术先进的产品整合成系列产品和系统，并通过统一的视觉传达系统树立起强大的品牌形象。受到路德维希・密斯・凡・德・罗以及他的设计原则"少即是多"的影响，迪特・拉姆斯的座右铭是"至简才是设计"[①]，可以说，他拓展了密斯・凡・德・罗原则的内涵。迪特・拉姆斯自 1981 年起在汉堡担任产品设计教授，1991 年获得伦敦皇家艺术学院荣誉博士学位。1999 年，他成为柏林艺术学会会员。

迪特・拉姆斯 1959 年设计的收音留声机 TP1

迪特・拉姆斯

---

① Rams, Dieter: Weniger aber besser, Jo Klatt Design+Design Verlag, Hamburg, 1995

登月时代的缤纷世界

维奈·潘顿和他的家居设计

20 世纪 60—70 年代的波普文化

20 世纪 60 年代是一段社会和政治动荡的时期,欧洲的学生发生骚乱,美国的嬉皮士文化盛行。与此同时,登月(1968 年)为人类开辟了更大的空间,令人兴奋不已。在西方工业国家,资本主义经济制度、相关的环境污染和财富分配不均等问题引发了民众强烈的愤慨。也许正是这种反叛的态度开启了一个全新的、有机的、丰富多彩的设计世界。维奈·潘顿(1926—1998)想创造一个与传统习惯背离的、愉悦感官的生活场景,于是他在科隆家具展览会上展出了他的室内设计作品"幻境 2"。潘顿从根本上消除了室内空间对休闲、休憩、吃饭等功能区域的隔离式划分,将各个房间融为一体。他还弱化了地板、墙壁和天花板的空间结构,利用彩色灯光和视频投影营造出一个色彩丰富的生活景观,弥漫着淡淡的幽香和悦耳的音乐。空间体验更加开放和民主,但也更加情感化,因为他的设计调动了人们所有的感官。柔软的材料呈现出有机造型,传递出安全感和放松感。

潘顿始终坚持材料处理手法的创新,由此诞生了世界上首个塑料一次压模成型的悬臂椅。"潘顿椅"(1959/1960—1968)是一个具有时代象征的设计作品,从创意到制造出成品经历了几年时间,因为塑料材料在不断变化发展。

维奈·潘顿,未来主义居住空间(奇幻空间),"幻境 2",科隆家具展览会,1970 年

后现代主义对现代的质疑

埃托·索特萨斯和孟菲斯设计风格
后现代主义，1978 年至今

"后现代主义"一词由法国哲学家让−弗朗索瓦·利奥塔在 1979 年首次提出，后来波及建筑和产品设计领域。后现代主义主张激进的多元化，除了理性之外，还注重情感性、解构和建构，着眼于未来，同时借鉴历史。到 20 世纪 60 年代末，传统意义上"好形式""庸俗""高雅文化"或"日常文化"等评判标准通通被摒弃，设计开始趋于多元化。这场运动的推动力来自意大利的设计师，他们的设计与"优良设计"的趣味大相径庭。埃托·索特萨斯是后现代主义的急先锋，他与玛窦·图恩、米歇尔·德鲁齐等人共同创建了孟菲斯设计集团。该集团的设计目标是忽视产品的实用性和功能性，设计风格介于波普艺术和庸俗艺术之间。他们用艳丽的色彩和象征性的设计手法挑战功能主义的统一性，借用历史风格和豪华的装饰设计出一件件产品。通过富有个性化的意义表达，后现代主义拓展了现代主义的理性美学。意大利作家翁贝托·埃科在其 1988 年出版的著作《符号学导论》中对符号学理论进行了完美的阐述。

埃托·索特萨斯设计的孟菲斯设计风格的"奥利维蒂情人节打字机"，1969 年

1998 年，埃托·索特萨斯站在他 1981 年设计的孟菲斯设计风格的博古架后面

自然、科学和技术的协同发展

研究与设计 / 计算机辅助设计（CAD）
高技派，20 世纪 70—80 年代

在设计史上，设计与技术创新是密不可分的。自 20 世纪 70 年代中期以来，技术的发展催生出一种新的设计流派：高技派。它以"高科技"一词定位，因苏珊娜·斯莱辛和琼·克伦在 1979 年合作撰写的著作而得名。由理查德·罗杰斯和伦佐·皮亚诺在 1971—1977 年设计完成的巴黎蓬皮杜中心就是高技派的实例，这一建筑为古老的城市景观增添了一抹现代韵味。1986 年，意大利的 Teco Spa. 家具制造公司推出了由诺曼·福斯特爵士设计的 Nomos 系列办公家具，向人们展示了高精度、新结构和新材料的新融合。诺曼·福斯特建筑事务所是诺曼·福斯特爵士 1967 年在伦敦创建的建筑与设计工作室，项目遍布世界各地，包括 2017 年在库比蒂诺投入使用的史蒂夫·乔布斯剧院。

自 20 世纪 90 年代以来，产品设计和工程设计从绘图桌转向计算机软件，从而生成了与这些新数字工具紧密相连的新形式语言。贻贝、渔网或细胞结构等有机形状和生物形态都可以借助计算机相关软件绘制出来，进而无限扩展了形式的表现范围，因为自然界中的结构往往是机器或产品构造的模板。

配备了由诺曼·福斯特爵士 1986 年设计的 Nomos 系列办公家具的高技派风格办公场所

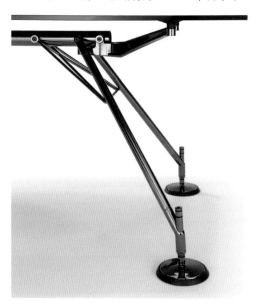

理查德·罗杰斯和伦佐·皮亚诺 1971—1977 年设计的巴黎蓬皮杜中心（高技派建筑）

"邦迪蓝"iMac 带你畅游网络

史蒂夫·乔布斯与苹果设计

乔纳森·伊夫,苹果设计

20 世纪末,数字化和微电子技术的进步是设计的关键驱动力。在办公场所,能上网并能收发电子邮件的计算机越来越流行。当时的个人计算机还不是一体机,主机、显示器、操作系统和应用软件等通常是单独配置,由不同的制造商提供,因此,这些计算机在安装过程中容易出错,而且运行速度慢,经常给用户带来很多烦恼。苹果公司为了解决这一问题,开发出了第一代 iMac,将显示屏、主机和人性化操作系统合并为一个单元(一体机)。1992 年,出生于伦敦的设计师乔纳森·伊夫加入苹果公司,组建了设计部。1997 年,史蒂夫·乔布斯回归苹果公司后,iMac 于次年推出,这使得"上网"首次变得简单快捷,而其半透明的外壳设计和绚丽的色彩更是与当时常见的米色电脑大相径庭。柔和的造型配以邦迪蓝(Bondi Blue)而呈现出的情感化设计以及不同寻常的名字使 iMac 迅速在市场上引起轰动。

乔纳森·伊夫 1998 年设计的 iMac

设计学科分类

设计学科没有一个通用的、科学上合理的细致分类方法，20 世纪上半叶之前，欧美国家高等院校一直采用依照不同材料对工艺美术进行专业分类这种传统的方法，因此，学校会设立木材、金属、陶瓷、玻璃、纺织品等专业课程班。鉴于多年来专业的变化，现在出现了五大设计专业领域：

· **工业设计 / 产品设计**
· **交通设计**
· **展示设计 / 室内设计 / 家具设计**
· **时装设计**
· **视觉传达设计**

工业设计作为一个统称，涵盖了与工业制造过程密切相关的所有设计学科。工业设计师可以从事产品设计、交通设计或其他设计工作，他们的设计范围从摩托车到体育用品，再到家用电器。医疗器械、手机和笔记本电脑之类复杂的电子产品的设计需要设计师具备专业化的知识。包装设计又被称为产品设计，侧重于面向产品的设计，如 3D 折叠盒或喷洒型清洁用品的包装设计。在实践中，工业设计和产品设计这两个术语经常被等同使用，不过，工业设计听起来略显高端。

与 KISKA 设计工作室合作的研究生毕业设计："KISKA 展望未来航行"

设计者：西蒙·比尔德斯坦（约阿内高等专业学院工业设计系）（交通设计）

富有创意的游艇概念，其甲板平台提供一个类似帆船上的豪华生活空间，同时，独特的"白日水手"设计理念赋予船体赛艇般的动感

指导教师：马克·伊舍普（约阿内高等专业学院）；克里斯托弗·格洛宁（KISKA）设计工作室

削皮器（日用消费品），用于水果和蔬菜的去皮，来自与飞利浦公司的合作项目"创新厨具"

设计者：康斯坦丁·莫德尔

指导教师：约翰内斯·舍尔（约阿内高等专业学院）

全自动木材粉碎机（资本货物），来自与 Komptech 公司的合作项目"未来碎木机"

设计者：克里斯托夫·安德烈契奇，马克西米利安·特罗伊彻（约阿内高等专业学院工业设计系）

指导教师：约翰内斯·舍尔，格拉尔德·施泰纳（约阿内高等专业学院工业设计系）

产品设计分为日用消费品设计和资本货物设计。日用消费品主要是家庭用品，用于体育运动、休闲、娱乐等领域。资本货物通常用于生产过程，包括锯、铣床、印刷机或医疗设备、测量仪器等。

交通设计主要涉及汽车设计、摩托车设计、飞机设计、游艇设计等，基本上包含了在海、陆、空移动的一切装备。由于产品的复杂性，交通设计需要用到环境设计、室内设计、色彩设计、内饰设计、灯光设计、发动机机舱设计、界面设计等多个专业领域的知识。

BENELLI MIA，四款未来城市个人交通工具（交通设计）

设计者：汉娜·卡茨伯格，马克·科尔布伊，斯特凡·马尔岑多夫（约阿内高等专业学院）

设计指导教师：卢茨·库彻，朱利安·赫杰（约阿内高等专业学院）

工程指导教师：乔治·瓦格纳（约阿内高等专业学院）

展示设计涉及展销会陈列和设计、艺术品展览和巡展设计、博物馆和收藏品的景观设计等。意大利米兰家具展是国际设计界的盛会，被誉为"世界顶级家具博览会"。届时，诸多汽车制造商和知名品牌制造商也会云集于此，向世人展示他们的最新作品，同时发布流行趋势。

室内设计致力于室内建筑、店铺设计（店铺、餐厅等商业场所的规划设计）等。室内设计不仅仅是对墙面、地板、天花板等部分做设计，更要解决用户行为、技术装备（温度、照明、多媒体等）、生态建设、建筑与环境的协调问题。

家具设计有着悠久的历史传统，包括许多设计师和建筑师的经典作品。如今，符合人机工学要求的办公座椅需要产品设计师、室内设计师、工业设计师和建筑师通力合作才能完成。

时装设计包括服装、鞋、饰品以及珠宝和纺织品设计。服装设计师既要为美国、欧洲各国和地区及日本的高级时装中心做设计，同时也要负责把嬉皮士、朋克和光头等各种亚文化群的街头风格发展成为新的浪漫主义风格。在服装设计史上，设计师玛丽·奎特在20世纪60年代发明了迷你裙，引发了一场社会革命。

视觉传达设计包括信息设计、媒体设计、平面设计、网页设计（网站的概念、设计和结构以及相应的导航和用户指导）等。

"工业设计展"是约阿内高等专业学院工业设计系每年在奥地利的施蒂利亚设计论坛（左）和格拉茨现代美术馆（右）举办的展览

《设计邮报》由约阿内高等专业学院工业设计系编辑出版，收集了最新项目、本科生和研究生毕业设计等内容，右图是《设计邮报》中的内容——视觉传达设计作品（www.fh‐joanneum.at）

在工业设计中，许多术语确立了它们在电子设备设计中不可或缺的地位。下面我们要对一些术语进行定义，以便更好地理解它们的含义。

每个设计过程的焦点始终是用户，即操作产品、在触摸屏上导航或驾驶车辆的人。因此，设计师会问自己产品和系统的**可用性**有多好。可用性一词最初来自人机工学，用于分析人机界面。如今，可用性的含义范围被进一步扩展，用于描述人（用户）和设计环境之间的所有交互，包括产品、用户界面（屏幕/触摸屏）以及服务和体验。设计人员面临的挑战是在设计过程中要考虑到用户的这些复杂的需求和期望，以及人们在操作和使用产品时的行为。

近年来，术语**以用户为中心的设计**在工业设计领域逐渐为人们所熟知，其目的是通过分析和不断改进终端用户在设计过程中的体验，提高产品和服务在应用程序中的可用性。因此，从一开始就必须让未来的用户参与设计，比如检查逻辑化和直觉化的交互处理过程。在进行产品、网站、应用程序设计时，设计师要专注于未来用户的需求、期望、愿望和理解力。

以用户为中心的设计在实践中常常转向**以人为中心的设计**，在设计哲学中，这种有意识的转变是将人为因素更多地置于设计过程的中心，关注人类作为一个整体的所有感官认知。

以用户为中心的设计对于自动驾驶（自驱动）车辆等复杂系统越来越重要。通过这种设计，坐在前排的乘客的身体可以向后倾，欣赏车窗外的风景，或者专注地体验驾驶的动感和速度。许多服务可以通过中控台的界面进行访问

研究生毕业设计：为宝马集团设计的汽车内部装饰
设计者：伊莎贝拉·齐德克
指导教师：迈克尔·兰兹（约阿内高等专业学院工业设计系）；克里斯蒂安·鲍埃尔（宝马设计中心）

在产品设计方面，我们正经历着越来越强大的硬件和软件的融合。让我们想想一款智能手机，它通常由一个功能非常强大的单色机身和无数的通信服务、应用程序组成，由此我们可以看到**界面设计**在产品设计中的重要性。顾名思义，界面设计的重点在于从模拟内容到数字内容的接口设计，是与显示屏、显示方式或触摸屏等具体可见内容相关的设计，还包括**用户界面（UI）**设计，比如开关和操作元件等硬件或软件。此外，产品设计师致力于将这些产品的模拟和数字界面合并为感官上的整体体验。对于移动电话、导航系统、计算机或网站等复杂的系统而言，只有当界面设计能对用户的需求和行为做出响应时，才可能被用户接受。因此，将界面设计融入设计过程中才是成功的关键。

从界面设计发展而来的两个领域是体验设计和交互设计，前者在应用中被称为**用户体验（UX）**，描述了用户在使用产品时的感受和反应。用户体验是指用户在处理产品时的情绪、心理和生理反应以及期望，包含了用户在使用产品时所接触到的所有东西。这不仅意味着产品的操作，还意味着产品的包装方式，以及产品的最终回收方式。

界面设计的挑战可能来自要同时满足 8~80 岁人的需求，让他们都能轻松地驾驭产品。例如，设计用于控制室内供暖、遮阳、娱乐、监控等设备的智能家居系统时，界面设计师经常面临这样一个问题：为了获得最佳用户体验，不但要考虑硬件上按键的数量，还要考虑一些限制性元素和产品标准。在产品设计与交互设计的互动中，出现的问题越多，越能促进创新产品的诞生。

UI/UX 在婴儿监护系统中的应用。这款专为新生儿设计的家庭监护仪可以全天候监控高危新生儿的状况，让家长更放心。UI/UX 是家庭监护系统的重要组成部分。设计者对原产品的包装、使用说明书、使用方式和数据评估都进行了重新设计（在本书的 p.160~p.169，我们还要对这一设计做更详尽的描述）

约阿内高等专业学院工业设计系研究生克里斯蒂娜·沃尔夫与 GETEMED 医疗和信息技术股份有限公司合作的毕业设计
指导教师：约翰内斯·舍尔（约阿内高等专业学院工业设计系）

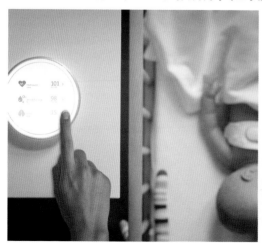

交互设计 [1] 是界面设计的一个组成部分，将用户和数字应用程序之间的交流描述为一个系统，可以对用户的输入、发音或选择做出反馈。交互设计涉及这些过程的设计，即交互的时间维度，技巧在于如何将传统的模拟动作与新的数字内容相结合。除了目前所描述的设计学科外，其他领域在最近几年也随着社会的变化而快速发展。工业社会向信息服务型社会的转型给设计领域带来了新的使命，服务业在奥地利国内生产总值中的比重已经达到 70%，因此，该行业的初创企业数量正在急速上升。

服务设计一词清楚地表明了服务也需要设计。服务设计是指设计服务的流程，从客户的角度出发，主要关注服务的功能和形式。服务设计的目的是监控客户的需求和行为，以获得创新的、有市场的服务或改进现有的服务。服务设计的关键是设计出客户与所提供的服务、整个用户指南以及体验流程之间有形的和无形的接触点。

服务设计的一个典型案例是飞利浦酒吧概念设计，它不仅是一个产品，而且还提供广泛的服务。飞利浦为产品和整个烹饪与饮食体验提供硬件。用户自己决定吃什么，并以有趣的方式学习如何快速和轻松地准备食物，还可以通过应用程序或网站访问来创建新的服务

项目名称："蒸汽能锅"，约阿内高等专业学院与飞利浦公司合作
设计者：罗伯特·克洛斯（约阿内高等专业学院工业设计系大二本科生）
设计指导教师：约翰内斯·舍尔（约阿内高等专业学院工业设计系）
人机工学指导教师：马蒂亚斯·戈茨（约阿内高等专业学院工业设计系）

菜单　　菜品　　产品

---

① Erlhoff, Michael/Marshall, Tim: Wörterbuch Design. Birkhäuser Verlag, Basel/Boston/Berlin, 2008

从 20 世纪 70 年代开始，人们的环保意识日益增强，设计师也一直在解决环境和社会问题，设计被冠以**生态设计**或**可持续性设计**。联合国布伦特兰委员会定义的可持续发展，旨在使世界上日益增长的人口在资源有限的情况下能够长期生存，并创造必要的生态、经济和社会条件。关于气候变化、资源短缺和社会问题等令人担忧的报道不仅引起政治家和企业家的关注，同样也与每个人息息相关。为了应对全球的发展，约阿内高等专业学院工业设计系为研究生新开设了**"生态创新设计"**课程①，以提升学生对这些话题的敏感程度。

生态创新设计将生态和创新领域整合到产品、系统、服务和体验的设计中，其目的是减轻对环境的逐步破坏，并找出有利于人类和自然环境和平共处的解决方案。同时，也是为尽可能多的人创造更多的价值。在设计过程中，从产品开发伊始，设计师就需要考虑资源消耗最小化、可再生能源利用、回收管理和社会可接受的生产条件等方面的问题。最终拿出有吸引力的创新解决方案，鼓励用户以生态和有社会意义的方式使用产品，并帮助目标群体拥有可持续的生活方式。

"融合项目"是**生态创新设计**研究的一个实例，该项目的任务是为 Baufritz 的一所只有一室的房子设计灵活的分区系统。基本的主体用作储存空间，也可以摆放桌椅。不同的颜色和材料选择使设计成为一种个人体验，只用到了木材、毛毡等生态可持续性材料

项目名称："灵活的空间分区和家具系统"，约阿内高等专业学院工业设计系与 Baufritz–Ökohaus Pionier 合作

设计者：克里斯托夫·安德烈契奇，西蒙·舒斯特（约阿内高等专业学院工业设计系）

指导教师：乌苏拉·娣瑟舒娜，迈克尔·兰兹（约阿内高等专业学院工业设计系）

① Tischner, Ursula et al.: Was ist EcoDesign? Birkhäuser Verlag, Basel, 2000

流动性是人类（无论是社会还是个人）的需要。然而，在许多地区，由于流动性和人口增长而带来的更大需求，使运输系统的功能已达极限。因此，约阿内高等专业学院工业设计系为研究生新开设了第二门新课**"出行设计"**。本课程主要探究如何将生态目标、工业过程要求和不同区域的流动需求与运输工具和运输系统的智能设计结合起来，形成全新而有意义的总体概念。

　　"箱子的循环"项目是**"出行设计"**课程的一个实例，该项目的任务是设计一个城市出行概念。其目的是为超市开发一种服务，以提高商品运输速度，降低运输成本，还不会对环境带来任何负面影响。顾客在收到超市送来的商品时，可以用已充好电的空冷藏箱抵运费。冷藏箱主要由电动送货车运送到市中心

项目名称："城市微出行——交通工具概念"，与舍弗勒股份有限公司合作
设计者：伦纳特·巴拉姆斯基，弗里德·海特曼，马克西米利安·雷什（约阿内高等专业学院工业设计系）
指导教师：迈克尔·兰兹，伯恩德·斯泰尔泽，米尔托斯·奥利弗·昆图拉斯（约阿内高等专业学院工业设计系）

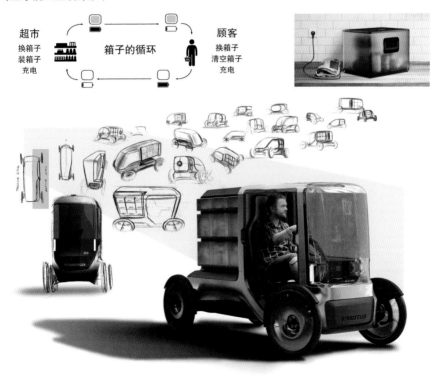

工业设计的定义

在韩国光州举办的世界设计组织（WDO）第29届大会上，对工业设计进行了重新定义：

> **工业设计是一个战略性的问题求解过程，它通过创新的产品、系统、服务和体验来推动创新发展，创造商业成功，提高生活质量。**

下面是对工业设计更为详细的解释：

工业设计是一个战略性的问题求解过程，它通过创新的产品、系统、服务和体验来推动创新发展，创造商业成功，提高生活质量。工业设计填补了现状与可能之间的鸿沟。它是一个跨学科的专业，利用创造力来解决问题并共同拿出解决方案，目的是使产品、系统、服务、体验或业务变得更好。从本质上讲，工业设计通过将"问题"重新定义为"机遇"，从而提供了一种更加乐观看待未来的方式。它将创新、技术、研究、业务和客户联系起来，在经济、社会以及环境领域提供新的价值和竞争优势。

工业设计师把人放在设计过程的中心，他们对用户的需求感同身受，并将以用户为中心的实际问题解决流程应用于设计产品、系统、服务和体验中。他们是创新过程中的战略利益相关者，并将自己定位为各种专业学科和商业利益的连接者。他们重视所从事的工作对经济、社会和环境的影响，致力于为提高人们的生活质量出一份力。[①]

因此，"设计师"是一个用脑工作的人，不能单纯地将其定义为与企业做生意或为企业提供服务的人。

---

① http://wdo.org/about/definition

为了进一步定义"工业设计"一词，我们可以概括如下：

工业设计是对工业可制造产品或系统的规划。工业设计是一个整体解决问题的过程，一方面是为了使消费品适应用户的需求，另一方面是为了满足市场、企业形象和企业家经济生产的需求。此外，工业设计是一种文化、社会和生态因素。

根据 WDO 最新的定义，工业设计不仅包括产品设计，还包括系统、服务和用户体验设计。在过去的 20 多年，随着智能材料、3D 打印工艺、微处理器、人工智能等领域的创新，以及互联网的发展，工业设计这一术语在许多方面都得到了扩展。在工业 4.0 时代，工业革命中的"工业"一词已经过时了。"工业设计"作为大学里的一个专业，有很多课程与之相关，比如"产品设计"课程。

还有一个词在本书中经常被提及，那就是**造型**。这个词在媒体宣传中常常与设计混淆，而且在有些公司，设计部门被称为造型部门。那么设计和造型有什么区别呢？

让我们先看看造型的历史根源。20 世纪 20 年代末的美国华尔街崩溃，引发经济大萧条，消费者的消费能力不足导致公司产品滞销。20 世纪 30 年代，当经济形势开始缓慢复苏时，许多公司面临着一个问题：他们仍然拥有大量的库存产品，这些产品的功能完全没有问题，而外观却已经过时。于是，他们亟须在不改变产品内部性能的情况下，对产品外观进行重新设计和包装，这就是造型的起源。造型不仅在美国，而且在全球范围内被用作短期的时尚潮流，通常被称为"风"（像"酷炫未来风""民族风"等）。

造型仅限于对产品表面的美化处理。

造型的重点是形式而非实用功能，因此往往具有片面的表现特征。在口语用法中，造型常常被错误地等同于设计。

在当今市场饱和的时代，大家都想采用再设计的手段来推动产品的销售。通过审美差异化，在已有的产品语言的熟悉性基础上获得竞争优势。同样，一项已经在市场上站住脚的技术创新可能也需要再设计。如果在产品的制造过程中引入新的制造方法，那么也应该对产品进行再设计。因此，当涉及修改已经投放市场的产品时，最适合的表述术语就是"再设计"。

再设计是对现有产品的创造性修改，把产品从开发、生产和市场反馈中获取的经验注入新的设计理念中。利用对已存在产品的认知，提高修改后产品的竞争力。再设计是对不断变化的需求和技术创新做出反应的一种方式。

图片显示了对博朗吹风机和榨汁机的再设计。吹风机的开关被重新设计，产品的外观也有所改变。榨汁机的操作功能有所改善，而且更便于清洗。在保持基本形状不变的前提下，榨汁机的边缘半径明显变大。在前面的玻璃杯置放处重新设计了一个凹口，方便果汁流入玻璃杯，水平连接将压力机与电机壳体分离。这是一个无开关装置，通过按压启动电机

博朗吹风机 HLD 231
设计者：赖因霍尔德·魏斯，1964 年

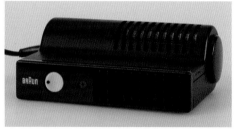

博朗吹风机 HLD 3
设计者：赖因霍尔德·魏斯，1972 年

博朗榨汁机 MP 32
设计者：格尔德·A. 米勒，1965 年

博朗榨汁机 MP 50
设计者：于尔根·格罗贝尔，1970 年

工业设计师

工业设计师可以选择在某公司的研发部门工作，也可以选择在设计公司工作，当然还可以选择成为一名自由职业者。设计师的工作是与跨学科开发团队密切合作，设计出将要投入批量生产的产品。

世界上有许多设计师主要致力于设计出美观的产品，但是，我们目前所缺乏的是能够与施工人员或电子工程师进行无障碍交流，同时谙熟市场营销或人机工学的专家级设计师。

因此，业界对设计师的期望是：
· 具有创造性解决问题的能力
· 能够绘制概念草图和规划图
· 具备计算机辅助 3D 设计技能（常用工具为 Alias，Rhino，Solid Works）
· 拥有语义学知识（与设计相关的产品语言）
· 具备人机工学、可用性和界面设计方面的技能
· 熟悉从机械到电子工程的工作原理
· 拥有制造工艺方面的基本知识
· 拥有经济头脑
· 拥有可持续思维（生态学、经济学、社会学）
· 具有团队合作能力和奉献精神
· 能够独立、负责地思考和行动

此外，社会期望设计师在创作过程中能承担起文化责任：
我们塑造了环境，环境塑造了我们！

产品的开发离不开各个学科的合作。在团队中，工作能力和奉献精神是最终设计出高质量产品必须具备的品质。在工业设计课程的所有项目中，我们都特别注重这些品质的培养

"MAN 高效公共汽车"项目组成员、MAN 公交车和卡车股份有限公司人员和约阿内高等专业学院导师们合影（左）

学院领导迈克尔·兰兹、学生及 MAN 公交车和卡车股份有限公司代表在观看于学期末完成的真实模型作品（右）

什么是设计的附加
价值？

设计和公司

绪论

21 世纪初的一个重要事件无疑是史蒂夫·乔布斯在 2007 年推出了第一款苹果智能手机。从企业家的角度来看，令人震惊的是，像苹果这样的电脑制造商进入了手机供应商的饱和市场，而且还取得了巨大的成功。在那个时候，诺基亚、摩托罗拉、三星等手机供应商在一个看似饱和的市场中占有重要的位置。在当时的行业领导者中，谁会认为移动电话正面临着革命性的变化？特别是诺基亚，虽然遭受了重大损失，但在新兴市场销售功能相对简单的手机，在经济上仍然非常成功。如今，面临激烈的市场竞争，苹果、HTC、华为、三星、索尼等公司均在手机市场中占有一定的份额。

回顾过去，有两个因素对手机市场的发展起到了至关重要的作用：**设计和创新**。

在触摸屏上也能像在电脑键盘上打字，正是这个简单的想法催生了今天的智能手机。在当今全球化时代，手机基本上就是一台多功能的便携式计算机，它使我们的数字处理在全球网络中成为可能。

这个例子表明，公司可以通过创新的设计脱颖而出，使产品得到明显的改进，从而获得竞争优势。对于大多数在全球运营的大公司而言，没有设计就无法在世界市场上生存。设计是公司的重要组成部分，在集团内部因其战略影响力而被定位为最高管理层。由此可见，设计的价值在过去几十年里得到了很大的提升，苹果、起亚、飞利浦等公司都设有首席设计官（CDO）的职位，负责直接向执行董事会报告与设计相关的事务。而在 20 世纪90 年代，设计部门只能隶属于市场营销部，在产品开发方面没有太多的话语权。

除了在公司内部设立设计部门外，公司还可以与独立运营的设计工作室合作。在中小企业，设计往往还没有显著的意义，这是一块具有发展潜力的领域。正因为这些公司不提供大批量生产的产品，只是为某个特定的市场区隔提供解决方案，设计更可以对这些企业的发展起到推动作用。

然而，产品设计绝不能孤立存在。设计是产品开发过程中的重要组成部分，与企业的成败息息相关，必须得到整个团队的支持。换句话说，无论产品设计得多么好，一旦从内部展示到外部营销中的任何一个环节出现差错，设计仍然难逃失败的厄运。这意味着设计必须成为企业哲学的一个组成部分，以彰显企业文化的全面性。

现在，让我们回到具体的问题上：
设计能给公司带来什么附加价值？

最重要的一点：**设计带来竞争优势**！

设计是战略工具

在激烈的竞争条件下，仅仅将设计简化为产品设计显然是不够的，设计已然是成功公司的战略要素。格拉尔德·吉斯卡是 KISKA 设计工作室的老板，当他被问到 KISKA 设计工作室到底是一个什么样的机构时，他的回答是：设计机构、品牌开发商或通信机构。

"我们与客户一起创造独特的品牌体验，当然，这是一个很大的承诺，需要一系列的服务和高深的专业知识做支撑，而这正是我们所拥有的。这一点在我们为 KTM 所做的设计中得到了明显的体现。"[1]

他的这番话意味着 KISKA 设计工作室可以提供从研究和咨询到交通设计、平面设计、界面设计和产品设计的一系列服务。在数字化时代，设计公司除了要满足专业化和复杂化的需求之外，还需要点燃创意的火种。格拉尔德·吉斯卡在他的《设计欲望》一书的首页上写道：

"创意的火种被点燃后，你最需要的就是勇气。"

① Kiska, Gerald (ed.): Designing Desire - 25 Years Kiska, Anif/Salzburg, 2015

在《设计欲望》中，格拉尔德·吉斯卡和他的多学科团队展示了 KISKA 设计工作室 25 年来的设计杰作。正如标题所揭示的，设计就是要解决与愿望、渴望和欲望相关的问题。然而，要唤醒这些需求，设计战略是必不可少的。

"战略"一词最初是一个军事术语，用以描述部队的指挥艺术。对于部队的将领而言，打败敌人是最明确的目标。在商业中，"战略"一词的含义自然略有不同，是指提升公司业绩和效率的方略，关乎设计师、客户和竞争，因此每个人都要参与其中。战略设计是增强公司或机构的创新能力和竞争力的重要一环。无论是对于战争期间的部队将领，还是对于当今的企业家和管理层，人们都期望他们能骁勇善战，勇敢地将一个个想法付诸实践，并坚持到底。

把创意变成产品需要的是战略，而设计是战略中不可或缺的要素。这一过程的完结为企业家、设计师和客户等所有相关人员都创造了附加价值。其间免不了要在良性竞争中与对手进行较量，在战略意义上获取竞争优势，设计也因此变成了一种战略工具。

NOMAD 的理念就是崇尚冒险精神，这是对**"正确的品牌体验"**最直观的表述。NOMAD 通过基站、骑手和摩托车之间的数字网络连接创造新的骑乘体验。基站是一辆带有发电机、太阳能帐篷和电池等能源的四轮无人驾驶汽车。从基站出发，骑手驾驶着摩托车在崎岖的地形中驰骋。不断发展的无人驾驶汽车能够准确找到摩托车手所在的位置，并把他接回来

项目名称："KTM 穿越极限"，与 KTM 和 KISKA 设计工作室合作
设计者：卢卡斯·瓦格纳（约阿内高等专业学院工业设计系）
指导教师：迈克尔·兰兹，马克·伊舍普，卢茨·库彻（约阿内高等专业学院工业设计系）；克里斯托夫·多夫（KISKA 设计工作室）

设计带来创新

创新（innovation）一词源于拉丁语动词 *innovare*，意为"更新"，因此，我们不能把与设计相关的创新单纯地理解为"新奇"，前面提到的智能手机的发展就是一个创新的范例。凭借智能手机，市场上的触摸屏技术取代了之前用于平板电脑上录入数据的键盘。

这种创新的决定性因素不仅是一个简单的想法，还取决于相关技术的发展进程，以及公众的接受程度。

"创新"的衡量标准仅适用于产品或服务，前提是它确实吸引了广泛的公众，并且人们固有的习惯因此得到了改变。尤其是在智能手机方面，我们可以看到这种创新对我们的生活有多大的影响，特别是人与人之间的沟通方式。因此，对于当今的公司来说，如欲在市场中处于不败之地，创新是一个决定性因素。

在过去的几十年里，许多创新并非源于突破性的新技术发展，而是源于对现有技术的应用进行更新或改造。在特定市场区隔中所使用的主导技术亦是如此。

把现成的零部件（宽轮胎、悬架、闸线）和一个新的几何结构的车架组装在一起，山地车就孕育而生了。山地车的发明可以看作是占领一个新的市场区隔的案例。不过，除了技术发展之外，导致"创新"的决定性因素首先是消费者的接受度，其次是能否开辟新的市场区隔。

创新可以是全方位的，包含应用技术、生产技术、材料、功能或形式等方面。创新就是要与之前所使用的方法、材料、功能或形式有根本的区别。

与设计师的合作是创新产品开发的决定性因素。随着时间的推移，设计师积累了非常广泛而丰富的经验，这是公司独有的宝贵资源。技术人员和设计师通过相互帮助，提出建设性的批评意见，最终获得创新的想法和解决方案。

创新的结果是"社会创造力"，将共同解决问题放在了首要位置。随着任务越来越复杂，这一战略会逐渐彰显其重要性。在这样的团队合作背景下，团队成员不仅要有很高的资历，还要有良好的人文素质。对成员最基本的要求就是要学会倾听、彼此间建立信任、有合作的欲望、宽以待人等，这些品格是营造富有成效的工作氛围的重要前提。

大略商务咨询有限公司是全球领先的设计机构之一，在开发创新产品解决方案方面拥有相当丰厚的专业知识。该公司为西门子医疗系统有限公司设计的包含多项创新的核磁共振成像仪（MRI），令世人震惊。

针对三个主要的用户群体，设计师对核磁共振成像仪的设计和适用性进行了彻底的优化：采用了创新的成像前端照明理念，让患者在进入成像仪时，即时开启适合视觉感受的照明，显著地降低了患者的焦虑情绪，因此节省了耗时，并避免了许多摄片伪影。核磁共振成像仪结构明朗，外观设计令患者感到轻松，营造出可靠又可信的氛围。修改后的操作台有一个大的触摸显示屏和两侧对称设置的操作元件，以确保医务人员以最佳和最安全的方式操作系统。全新的包层设计只需一个人就可以轻松地打开设备并进行维护，从而降低了服务时间和成本。

创新是市场成功不可或缺的过程！

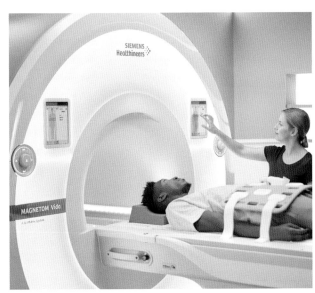
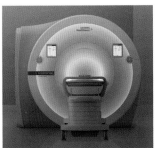
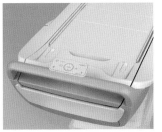

医疗技术领域的创新是基于材料的创新，就拿这款西门子医疗系统有限公司生产的核磁共振成像仪来说，设计师对材料进行了全面研究之后，萌生出一个创新的想法：采用了一种特殊的外壳材料替换之前由制造商出资选择的材料，这样，设备就能承受动态工作环境的强度而不易损坏。创新的照明设计使者进入通道时感觉舒适，显著降低了患者的焦虑情绪

产品：西门子 MAGNETOM Vida
客户：西门子医疗系统有限公司
设计：大略商务咨询有限公司（慕尼黑 / 埃尔兰根 / 上海）

设计引发广告热议

令人信服的设计能抓住人们的眼球，成为沟通的驱动力。在数字媒体时代，广告信息的渠道范围大幅增加。印刷品和电视节目依然是广告最经典、最广泛的传播方式，而视频网站（比如 YouTube 和 Vimeo）或其他社交媒体已然是广告播放的新渠道。设计要以有针对性的活动为手段才能被大众所接受，因此，设计的沟通技巧形成了现代广告策略的宝贵潜力。例如，在 KTM 1290 超级公爵摩托车的发布会上，摩托车制造商 KTM 只使用了一种媒介，即视频传播。KTM 在特别制作的短片中推出了这款高端设计的新款摩托车，引发了数以百万计的点击量。由此可见，即使在销售开始之前，数字平台上的炒作也足以激发人们的购买欲望。视频网站和社交媒体为商家和对商品感兴趣的购买群体提供了更直接、更快捷、更有力的交流方式。

将设计和创新成功推出的另一个典范之举就是在苹果公园中心的史蒂夫·乔布斯剧院举行的新品发布会，由乔布斯亲自上台做介绍。在工业设计史上，从来没有哪种方式能比直播更吸引世界各地的观众，而且让观众以极大的兴趣期待下一个系列产品和新产品的发布。乔布斯是一位舞台演讲高手，"还有一件事……"这句话陪伴了他 20 多年。在他的演讲中，他一直强调设计是达成目标的必要手段，同时也是一个不可替代的品牌大使。来自英国的苹果公司前首席设计师乔纳森·伊夫也因其精彩的演讲而闻名，他会通过苹果网站发布自己充满情感的视频，从中我们不难看出苹果公司对设计的重视程度。

产品获得设计大奖也具有广告价值，由此带来的展览、新闻发布会等活动的宣传力度不应被低估。产品设计的获奖情况也会随着产品信息的传播而被公众所了解。

研究生毕业设计视频"NORTE 滑翔机"
设计者：亚历山大·克诺尔

在约阿内高等专业学院工业设计系的门户网上有许多本科生和研究生的毕业设计视频，比如高清视频网站 Vimeo（https://vimeo.com/user63132342）

设计彰显品质

全球市场竞争中，技术含量高的中小型企业拥有更多的成功机会，因此，产品设计的首要任务就是彰显产品所具备的高科技特征。然而，还是有很多公司把时间和精力全部花在技术开发上，忽视了设计。如果一个公司不在产品设计上下功夫，无论它在技术研发上的投入有多么大，外人也不会知晓。所以，对于公司而言，忽视设计就是低估自己！

设计师的任务是利用具有原创性和独特性的外形和细节设计使产品的内在品质在外观上可见。但是，我们必须谨防对设计的误用，比如产品描述与事实完全不符，或者试图通过设计来掩盖技术的低劣。这样的产品可能在最初获得很高的关注度，但从长远来看它注定不会成功。

设计能降低成本

设计有助于降低开发成本和生产成本。在开发领域，设计的整体性使团队合作变得更加专注和高效。团队合作中每个人都有表达自己想法的权利，而设计师能将这些想法快速地转变为视觉方案呈现出来，讨论起来更为方便。解决问题的多个方案以草图、3D 计算机图像或模型的形式加以展示，大大提升了做决策的速度和可靠程度，从而节省了制作模型的额外成本。

降低成本是贯穿整个设计过程的需求：所有备选方案都要考虑后续的成本。例如，为了降低成本，是否可以建造结构相同的部件？为了降低成本，模块化设计是否可行？

简单可行的模块化建造方法有助于节省成本。BÅS 是一个模块化浴室系列家具设计，无须复杂的墙面安装工艺。整个房间充满了个性化的设计元素，设计灵感源于大自然

项目名称："未来浴室"，与 Odörfer 和 Grohe 合作
设计者：路易斯·梅克斯纳，马拉·普林格，丹尼尔·布伦斯泰纳（约阿内高等专业学院工业设计系）
设计指导教师：约翰内斯·舍尔（约阿内高等专业学院工业设计系）
创新指导教师：格拉尔德·施泰纳（约阿内高等专业学院工业设计系）

设计塑造企业形象

公司的形象可以理解为一个公司在外界享有的声誉，而促成这种形象形成的手段可能多种多样。在企业文化不断变化的时代，产品范围在日益扩大，网上交易的方式更是花样百出，企业都在有意识地努力塑造自己的形象。公司企业形象的提升需要以恰当的策略和管理层与时俱进的态度为前提，需要全局化的观念和独特的企业文化或企业哲学。

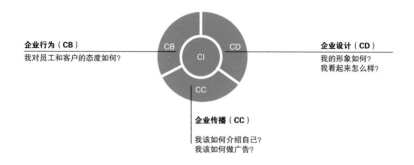

企业识别 (CI) 包括三个方面：

1. **企业设计**是指视觉外观设计，包括能显露公司或机构特征的所有设计环节。企业设计应该使公司形象整体化。因此，从标识、文具、员工的工作服、产品包装、广告（印刷品和网上宣传）、展销会展台设计到公司建筑等元素都要有统一的设计。企业能给客户带来直接体验的是产品，所以，产品设计的重要性毋庸置疑。企业设计是企业形象识别实现既定价值目标的主要支撑，同时起到支撑作用的还有企业的道德原则，包括对人和环境的责任感、对社会的使命感等。

2. **企业行为**是一种行为准则，是指公司对待员工、供应商等的内部行为，以及公司对待客户、公众及其沟通策略的外部行为。内部沟通是指领导风格或员工之间相互交流的方式，最重要的外部沟通可能包括与客户的协商和对投诉的处理。

3. **企业传播**通常包含四种不同的手段：广告、促销、公关和赞助（运动项目推广或体育赛事）。广告宣传的设计要点一直是基于标识、字体、颜色等的设计，以及有助于提升公司知名度的总体战略规划，所有这些内容都在公司设计手册中进行了概述。像好利获得和博朗这样的公司以往在企业文化方面都做出了重要贡献。企业形象发展的一个核心要素是坚持企业哲学的核心信息，以增加企业的认知度。

设计和品牌

　　除了与客服打交道之外，你与一个品牌最密切的关联途径就是你正在使用的产品，因此，产品可谓是品牌的形象大使。品牌本身是抽象的，主要是通过传播为人所知。品牌传播主要是告知公众公司已有的价值或未来的价值，这两种价值有很大的区别。例如，有的公司希望传递快乐或自由，还有的公司则宣传可持续性或良好的性能。产品设计是传播的一部分，最佳的设计应该体现出公司的品牌价值，否则，品牌传播所营造出的"炫目肥皂泡"可能会破灭。品牌传播提升了人们对产品的期望值，一旦这种宣传是虚假的，失望在所难免，产品自然会滞销。相反，如果消费者所购买的产品超出了他们的预期，他们会变得热情高涨。因此，设计师应始终密切关注他所设计的产品的公司价值，并考虑可以使用哪些创新手段来体现公司价值。除了开发团队专家的主观评价外，还可能使用特殊的方法来衡量设计与品牌的一致性，比如大略商务咨询有限公司基于分析心理学、格式塔心理学、欧洲心理学或认知心理学的研究结果所研发的 SimuPro® 测试法。

　　在汽车行业中，企业设计是企业识别框架内的重要一环。T-ONE 项目是对大众 T 型车 2025 年战略的重新诠释，在设计理念中考虑了大众商务车的可变性、稳健性、可靠性和使用寿命等特性。调研内容涵盖了自动驾驶、城市化、共享概念等流行趋势

项目名称："T 型车——大众商务车 2025 年战略"，与大众商务车公司合作
指导教师：马库斯·鲁德洛夫，兹德内克·博利舍克（大众设计部）；迈克尔·兰兹，马克·伊舍普，米尔托斯·奥利弗·昆图拉斯（约阿内高等专业学院工业设计系）

设计有什么样的沟
通技能？

设计和功能

绪论

消费者面临的最大难题之一就是如何对某一产品的质量进行评估，这种评估大多只能凭借直觉，而且往往是肤浅的。此外，消费者的评估方式有其片面性，容易以偏概全。由于产品评估方式缺乏规范性，各种产品分析方法也应运而生。

例如，为了提高评估过程的客观性，人们采用了一些科学的方法来证实"设计变得可测量"这一设想。

这一设想存在诸多疑问，正如天文学家鲁道夫·库恩所言："假如我拿到一盘录有莫扎特交响乐的磁带，作为一名科学家，我可以从很多方面来描述它，我能称出它的重量，测算出它的体积，分析出它的材质，并确定出它的化学成分，我甚至可以计算出磁带播放时所产生的振动，并画出一张位移图。然而，我并没有对这盘磁带最精华的部分进行描述，那就是音乐。自然科学在认识世界的过程中也存在类似的情况，它对世界的描述可能是正确的，但绝不是面面俱到的。如果自然科学声称可以洞察一切，那么这一提法一定是错误的。"[1]

很明显，科学本身太片面了。这会带来什么后果？因此，整体思考才是解决问题的关键。

基于约亨·格罗斯[2]、贝恩德·拉萨赫[3]和阿诺尔德·许雷尔[4]的设计理论，我们总结出一种解决问题的方法。
这种方法认为**产品具备能影响人和环境的各种功能。**
下面，我们将以刀叉餐具为例来对这个复杂的方法加以解释。

---

[1] Wegeler R., o. A., lecture manuscript, Bregenz
[2] Gros, Jochen: Erweiterter Funktionalismus und empirische Ästhetik, diploma thesis, Brunswick, 1973
[3] Löbach, Bernd: Industrial Design – Grundlagen der Industrieproduktgestaltung, Munich, 1976
[4] Schürer, Arnold: Der Einfluß produktbestimmender Faktoren auf die Gestaltung, Bielefeld, 1974

人、物品、空间之间的关系

我们不能孤立地去评估一件产品，而是要特别考虑以下关系和相互作用：

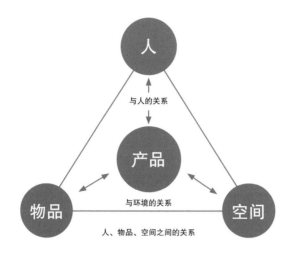

产品与人之间的关系（与人的关系）

对于刀叉餐具而言，这种关系体现很直接：我们看到一把刀或叉子后，会迅速将它拿起来，用它把食物放进嘴里；好看的餐具让人心情愉悦，而一把不锋利的餐刀足以毁掉人的好心情。

产品与物品之间的关系（与小环境的关系）

当餐桌摆好后，刀叉餐具周围还摆放了很多其他物品，比如盘子、玻璃杯、餐巾、碗、桌布等，桌子、椅子和灯自然也包括在内，当然还有食物和饮料。

刀叉餐具可能与周围所有这些物品搭配得很协调，或者可能与它们完全不匹配。例如，可能出现这样的情况：刀叉餐具看起来又大又厚重，而瓷器和玻璃杯则又薄又精致。

产品与空间之间的关系（与大环境的关系）

我们可以继续扩展环境的概念，从刀叉餐具到餐桌，再到用餐的房间。餐具、餐桌和房间的关系可能是融洽的，也可能是格格不入的。假如在一个低矮狭窄的房间里安放一张装饰华丽的大桌子，肯定不会达到最佳效果，反而暴露了主人对名望的奢求与其目前的社会地位之间的矛盾。

功能层面

从人的角度出发，产品功能基本上包含三个关系层面。

再次以刀叉餐具为例来具体讲解一下这个问题：

想象一下这样的场景：我们受邀去刚刚认识的一个人家里吃饭，喝过开胃酒之后，他把我们带到餐厅。在餐桌前就座后，我们拿起刀叉开始用餐。在使用餐具的过程中，我们注意到了什么？

我们发现勺子太浅，盛不了足够多的汤。刀柄握在手里的感觉特别好，而叉子的尖头太锋利，极易伤到人。

我们这是在**使用者层面**对产品的**实用功能**进行物理体验。

继续以刀叉餐具为例。

在用餐的间隙，我们可以稍微休息一下，仔细看看室内的环境。环顾四周之后，我们再次将目光移向刀叉餐具。这次我们注意到，刀叉和勺子的整体造型赏心悦目，但过多的装饰削弱了优雅的外观。勺子和叉子的比例很好，可是刀柄和刀刃的搭配并不协调。

我们这是在**观察者层面**对产品的**美学功能**进行感官体验。

还是以刀叉餐具为例。

借着主人离开餐厅去取甜点的间隙，我们再次独处于房间内，看看还能有什么新的发现。我们的目光再次落在刀叉餐具上，我们无法解释为什么外表朴实、待人亲切的这一家人却拥有如此奢华的餐具。他们这样做是为了提高自己的身份吗？还是对他们来说，这些餐具是一件件具有情感价值的传家宝？刀叉餐具由此变成了一种符号：它们是主人身份的象征。

我们这是在**拥有者层面**对产品的**象征功能**进行社会体验。

我们来总结一下这些推断：

人		产品		功能
使用者层面	▶	物理体验	▶	实用功能
观察者层面	▶	感官体验	▶	美学功能
拥有者层面	▶	社会体验	▶	象征功能

下面，我们要对产品的这三种功能加以更详尽的阐述。

我们先从产品的使用过程讲起。在使用产品的过程中，人们最为关注的是其实用功能，然后是其用途。不过，产品的美学功能也不容忽视，例如，一件看起来令人赏心悦目的产品会带给人极大的愉悦感，这就是产品的外观或感官体验。

象征功能也是产品的用途之一，仅仅通过拥有和展示一些时尚的产品，你就向外界证明你的所"在"和所"属"，这是产品在使用过程中延伸出的概念。在分析产品的使用过程之前，我们必须提出如下一个根本问题：

我们真的需要这个产品吗？这个产品有意义吗？

考虑到日益饱和的市场状况，企业一直在努力为消费者创造新的需求。单就越野车这个话题就很值得讨论一番。根据著名汽车制造商的调查，90% 的越野车车主并没有在野外路面上驾驶的体验！那么，是什么驱使人们变得如此荒谬呢？

问题的答案要归咎于产品的象征功能：在人们的潜意识里，越野车象征着冒险和探索的勇气以及对远方的向往。与此同时，人们认为，在"大批量生产"的越野车中，总有一款是为自己"量身定制"的。那么，就和它来一次亲密接触吧！

有无数的产品配得上"小康社会"的称号，却无法带给人快乐的心情，因为伴随而来的是高息贷款、高额分期付款和个人债务。

国际设计大奖获得者理查德·萨帕曾一针见血地指出：

"我们不应该发明更多已经存在却没有人需要的东西，而是要去发明人们需要却不存在的东西。" [1]

---

[1]　Brandes, Ute: Richard Sapper, Werkzeuge für das Leben, Göttingen, 1993

一个产品应该在其使用寿命内尽可能多地被使用，这样才能节省资源，对于共享设备而言更要如此。交换网站和共享社区越来越受欢迎。汽车的最佳用途体现在行驶中，而不是被停放在停车场或车库里。

　　"分享即是关怀"是建筑清洁领域的一个租赁系统，迎合了"共享经济"的发展趋势。设备站点包括高压清洗机、蒸汽清洗机和湿/干真空吸尘机。一款智能手机应用程序可以提供与清洁问题相关的建议，显示下一站点在哪里，并允许用户预订产品

　　项目名称："Kärcher @ 智能家居"，约阿内高等专业学院与 Kärcher 合作
　　设计者：多米尼克·克鲁格，丽贝卡·道姆（约阿内高等专业学院工业设计系）
　　设计指导教师：约翰内斯·舍尔（约阿内高等专业学院工业设计系）
　　工程指导教师：乔治·瓦格纳（约阿内高等专业学院工业设计系）；迈克尔·梅耶尔（Kärcher）

以器官运输系统（心脏捐献）为例诠释产品的**实用功能**

　　器官在运输过程中通过模拟血液循环来维持其鲜活状态。与原产品相比（见下图），新的运输系统的实用功能有了显著的改善。较大的轮子和最优化的折叠结构更加便于运输和克服运输中的障碍。界面也进行了重新设计和可用性优化，表面尽可能光滑，容易清洗

　　项目名称：器官运输系统，约阿内高等专业学院与 SMAL 合作（研究生毕业设计）
　　设计者：约沙·赫罗德（约阿内高等专业学院工业设计系）
　　指导教师：迈克尔·兰兹（约阿内高等专业学院工业设计系）

现有产品的实用功能得到了进一步的开发和完善

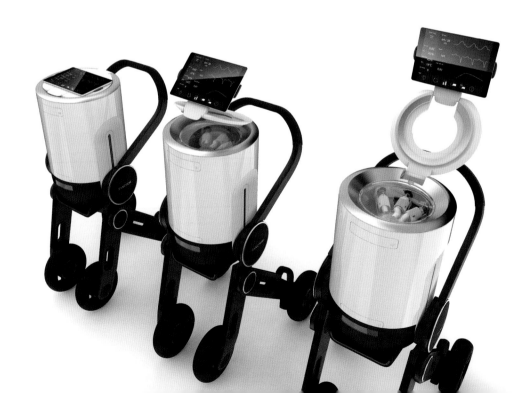

实用功能

与实用功能相关的是产品的使用过程，可以分为五个阶段：

- 收集信息
- 携带
- 存放
- 使用
- 废弃

收集信息是第一个阶段，主要任务是通过收集信息，对市场有一个大致的了解，因为你对某一产品的感知仅局限于它的尺寸、重量等外观特征，而你想要了解的是它的使用寿命等不可感知的潜在特征。

对于消费者而言，最理想的信息来源是消费者组织所做的产品比较测试，还有这些机构编辑出版的杂志，如奥地利的《消费者》，德国的《测试》等。这些机构不受任何公司的影响，致力于提供中立的产品信息。他们还会对买家无法衡量的产品特性进行检测，如材料质量、耐腐蚀性、安全性等。

携带的重要性各不相同，如果你只需要把产品从商店运送到使用它的地方，这个因素所发挥的作用相对较小。然而，像相机的三脚架或吹风机等需要在旅行中使用的产品，"携带"就变成了很重要的一个因素。

我们再回到刀叉餐具的例子，便于携带通常不是购买刀叉餐具必须考虑的因素。然而，购买野餐用的刀叉餐具时，便于携带就变成了一个关键因素。因此，重量轻、体积小等标准就变得格外重要。此外，还必须考虑到其他一些标准：在携带过程中对尖锐部位的保护（如剃须刀上的保护膜）和防止受伤的措施。

存放这一因素的重要性因场合而定。对于家里的餐厅座椅而言，如何存放就不是一个重要问题。可是，在一个既可以举办讲座，又可以举办展览的多功能大厅里，这个因素确实起着决定性的作用。

有两种可能的解决方案：将椅子折叠或叠放存放。（携带因素再次发挥作用：如何一次性搬动更多把椅子？）

再以刀叉餐具为例：与耐磨的不锈钢餐具相比，精致的银质餐具更需要精心呵护。一般来说，在餐饮业，餐具的存放问题比在家里更重要。

使用是产品生命周期中真正的核心阶段，我们将在之后的"功用需求"内容中对此做详细的阐述。

我们继续要讲解的内容是**废弃**。在某一产品的生命周期内，如果因为损坏、磨损等原因而无法履行它的基本功能，或者因为坏掉后无法修复，抑或因为技术的不断更新，市场上出现了更好的产品，导致现有产品过时，在上述情况下，这个产品就必须面临"废弃"的命运。最好的解决办法是对不再使用的产品进行环保回收，而不是直接扔到垃圾堆里。

从产品生产到使用再到废弃处理，也就是它"从摇篮到坟墓"的整个过程中，我们始终都要从环境角度出发，去考虑日益重要的生态方面的问题。

在所有这些阶段，污染物、噪音、高能耗和原材料消耗是否会对环境造成负担？产品是否环保达标，是否可以回收利用？例如，刀叉餐具主要涉及材料选择的问题（金属与塑料合制还是纯金属），还会涉及清洁生产方法的问题（镀铬溶液的排放等）。最理想的产品在被处理后能回归大自然，或者能变为可再生利用的材料，而不是被完全废弃掉，只有这样做才能实现"从摇篮来，再回到摇篮"。

在使用过程中，我们对产品所提出的要求被称为**功用需求**。产品实用功能的重要标准如下：

实用性

实用性可以验证某一产品是否真的实现了开发它时所设定的目标。例如，刀叉餐具的基本功能是帮助你把食物分成小份，然后放进嘴里。这就要求刀具具有合适的"工具特性"，即刀必须能方便切割食物，勺子必须能够盛装一定量的液体，叉子必须能够叉起足够多的固体食物。

可控性 / 可操作性

这也是人机工学和实用性研究的一个非常重要的领域，工具的设计要根据用户的需求而调整，而不是让用户去适应设计！例如，一些看起来很有趣的刀叉餐具，拿在手里感觉并不舒服。因此，在购买任何产品之前，你都应该模拟使用过程中最重要的动作。

安全性

这一要求也适用于整个使用过程。以刀叉餐具为例，太尖的叉子可能会在你吃饭的时候伤害到你，也可能在你收拾餐桌、洗碗或烘干餐具的时候带来危险。从儿童用刀叉餐具的设计中，我们就可以看出，人们对安全性这一至关重要的因素并没有给予更充分的考虑。

精心护养

为确保器具随时可用，我们就要对它们进行妥善保养，而大多数人都懒得这样做。刀叉餐具放入洗碗机中是否安全？木柄会不会变得粗糙难看？银或不锈钢等不同材质的餐具分别需要多长时间护养一次呢？

耐用 / 修理

修理是确保延长产品使用寿命的关键。一般来说，这将取决于磨损部分是否可以更换，或者外壳是粘在一起还是依靠螺丝拧在一起的。另外，需要考虑的一个因素是劳动力成本：修理值得，还是更换更划算？

下面，我们将以吸尘器实用功能评估标准列表为例，说明在实际生活中使用流程和功用需求的含义：

1. 开启
   〔准备好吸尘器，接上电源线，打开开关〕
2. 清洁光滑表面
   〔清洁效果，耗时耗力，吸尘器的可操作性〕
3. 清洁光面地毯
   〔清洁效果，耗时耗力，吸尘器的可操作性〕
4. 清洁绒头地毯
   〔清洁效果，耗时耗力，吸尘器的可操作性〕
5. 清洁厚地毯
   〔清洁效果，耗时耗力，吸尘器的可操作性〕
6. 清洁家具下面的地面
   〔可触及性，范围，可操作性〕
7. 清洁软体家具
   〔可触及性〕
8. 调节吸尘器
   〔换刷头，不同的绒头高度，吸力调控〕
9. 在不同工作环境中的操作行为
   〔各种表面的吸力特点，设备的推拉功能，家具保护，半径范围等〕
10. 保养和卫生
    〔换灰尘滤网〕
11. 使用中的噪音
    〔全功率 / 小功率〕
12. 坚固性
    〔主件和附件〕

在此，我们想提及一个存在问题较多的流行产品，即**短期或一次性产品**。众所周知，人类对原材料和能源的使用存在不必要的浪费现象。长此以往，这种浪费行为的危险性不言而喻。自 20 世纪 50 年代以来，人们一直在讨论与**"内置报废"**相关的问题，即产品人为设定的失效日期，包括技术过时（当产品或零部件不好用时，因修理的费用太高导致产品被丢弃）和心理或认知过时（时尚的变化导致功能完好的产品被丢弃）。对于制造商而言，客户购买他们的产品，迅速扔掉，然后再购买新的产品，这应该是他们所期望的。然而，对于用户本身和环境来说，这样做通常会带来负面后果。

从发展心理学角度分析下面的例子：

孩子们会与玩具建立起不同程度的亲密关系，如果心爱的娃娃损坏了，小主人可能会要求把它修补得完好如初，因此，这件孩子认为很珍贵的物品就需要具备可修理的特点。

然而，许多儿童玩具被设计成一次性使用或使用寿命很短，而且无法修复，这一点可能会令人很沮丧，而且唯一的选择就是把它们扔掉。任何试图修理这类产品的尝试从一开始就注定要失败，从而剥夺了孩子一个重要的学习过程。

儿童玩具必须做得尽可能坚固，最重要的是，必须是可修理的。儿童学步车在使用过程中会与柜子和门碰撞，因此，车子应该能承受住这些撞击

儿童家具在产品语言和维度上必须能满足儿童的需求

儿童家具系列 JAN，设计者：马丁·普雷腾塔勒（约阿内高等专业学院工业设计系）

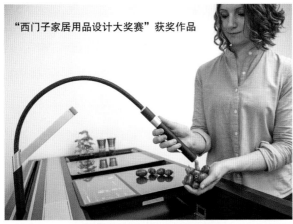
"西门子家居用品设计大奖赛"获奖作品

以岛式厨房与组装式操作台面为例诠释产品的**实用功能**

设计的主旨是优化工作流程，使烹饪变得更容易、更有效、更有创意。水龙头的开关通过语音来控制，操纵杆控制水流的强度，滑杆控制水温——所有这些只用一只手操作即可。智能存储系统有助于监控整个流程，减少甚至避免可能的食物浪费

项目名称："西门子家居用品设计大奖赛"，约阿内高等专业学院工业设计系与博世家用器具股份有限公司合作

设计者：朱利安·费舍尔（约阿内高等专业学院工业设计系）

团队协作：比阿特利斯·施耐德，利昂·雷哈奇（约阿内高等专业学院工业设计系交互设计专业在读研究生）

指导教师：乌苏拉·娣瑟舒娜，约瑟夫·格林德勒，迈克尔·兰兹（约阿内高等专业学院工业设计系）

产品语言是由目标群体和他们的需求决定的！

三款电动助力微型车……

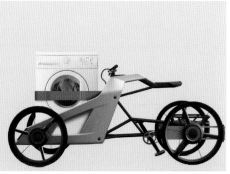

目标群体是城市快递服务人员。"舍弗勒快递车"结实的载重轮适用于城市货物运输。设计者：保罗·费利，雷内·施蒂格勒

目标群体是拥有积极的生活方式且喜欢舒适底座的"银发"人士（50岁以上）。"舍弗勒银色驱动车"以舒适见长，可供享受自然风光。设计者：西蒙·比尔德斯坦，丹尼尔·瓦尔赫

目标群体是喜好运动的通勤者，满足他们清清爽爽上班、大汗淋漓回家（下班途中体验公路骑行）的愿望。"舍弗勒变身车"有两种可选模式："运动"和"日常"

约阿内高等专业学院与舍弗勒股份有限公司合作研发的微型车项目

设计者：安娜·莉娜·罗米娜，克里斯蒂娜·沃尔夫

指导教师：迈克尔·兰兹，马克·伊舍普，米尔托斯·奥利弗·昆图拉斯（约阿内高等专业学院工业设计系）

产品语言

德国奥芬巴赫设计学院的约亨·格罗斯将产品语言定义为通过使用产品，我们的知觉通道和感官传递出的人与物之间的关系，即产品的情感效果。他将产品的情感效果与源于产品的直观物理效果的实用功能进行了对比。下面的例子有助于我们更加清晰地理解他对产品语言的定义。

假如我们站在门前，门上有一个把手。把手的实用功能包括：当我们按下把手时，门会被打开；当我们对把手施加压力时，把手要足够坚固且不会折断；把手是按照人机工学的高度安装的；把手的尺寸正好适合我们使用。在产品语言中，功能即为：我们会将门上的这一物品识别为把手；我们相信把手的可靠性（无论是开启效果还是耐用性）；当我们站在一座旧房子、一个地窖或一个现代感十足的画室门口，一个把手就能让我们萌生想进去或不想进去的感觉。

与任何一种语言一样，产品语言需要由**语法 / 形式**（语法学）和**意义 / 内容**（语义学）构成。

语法是指形式的美学功能，即形式要素（形状、色彩、材料和表面处理）以及秩序与复杂性之间的形态结构。

产品语义学是一门特别有趣的学问，主要研究产品所传达出的意义。格罗斯将产品语义划分为符号功能和象征功能两部分。

为了解释这一点，让我们再回到门上把手的例子。

一个符合人机工学的把手就是一个很好的符号，而镀金表面是富裕或自我炫耀的象征。由此我们可以得出结论，产品语义学并不是研究物品的特征，而是研究这些特征对观察者的影响，所以，人与物之间的关系因人而异。符号直接关系到产品及其实用或技术功能，因而要求观察者做出某种行为反应。典型的符号功能是指产品的稳定性、精密性、方向性、耐久性或灵活性。象征功能并不是直接与产品有关，而是产品所能触发的文化、社会或历史联想。产品典型的象征功能包括：奢侈、谦虚、色情、自由、怀旧等。

在实践中，对符号功能的分析并不困难，因为人们可以从逻辑上检查实用功能或技术功能是否与产品语言对应。

解释象征功能是一个复杂得多的过程。

看到一辆法拉利，有的人年轻时的梦想会被重新唤醒，还有的人只是把它视为意大利形式感的一个典范之作，而更多的人则认为它是当今猖獗、咄咄逼人的物质主义的象征。个人价值观和世界观会影响人们对事物的解读，这恰恰反映出了社会的多元性。

同时，这也提醒我们要以特别谨慎、全面的方式看待事物。

通过将产品语言 ①②③ 理论与上面所示的产品的功能层次相结合，我们可以在下面所示的模型中推断出产品功能。

①   Gros, Jochen: Grundlagen der Theorie der Produktsprache - Einführung, Offenbach, 1983
②   Bürdek, Bernhard E.: Design: Geschichte, Theorie und Praxis der Produktgestaltung, Cologne, 1991
③   Steffen, Dagmar: Design als Produktsprache, Basel/Berlin/Boston, 2000

设计中的产品功能和功能层面

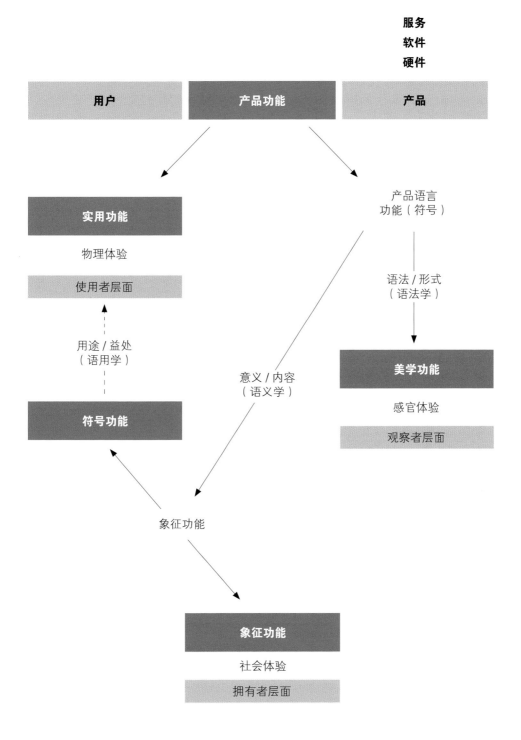

服务
软件
硬件

用户　　产品功能　　产品

实用功能

物理体验

使用者层面

用途 / 益处
（语用学）

符号功能

产品语言
功能（符号）

语法 / 形式
（语法学）

美学功能

感官体验

观察者层面

意义 / 内容
（语义学）

象征功能

象征功能

社会体验

拥有者层面

以茶壶为例诠释产品的的**美学功能**

    沏茶和喝茶是令人心情愉悦的事情，产品的可感知品质也应与此相对应：具有平衡比例的玻璃器皿主体，具有防烫保护设计。该项目的目的是开发创新的厨房用具，倡导健康饮食理念

    项目名称："烹饪 2.15"，约阿内高等专业学院与飞利浦公司合作
    设计者：汉娜·卡茨伯格（约阿内高等专业学院工业设计系）
    设计指导教师：约翰内斯·舍尔（约阿内高等专业学院工业设计系）
    工程指导教师：乔治·瓦格纳（约阿内高等专业学院工业设计系）

美学功能

在产品语言中，美学功能被赋予了"语法"的角色，负责产品的形式（语法）。严格地说，我们应该称之为形式美学功能[①]，因为我们看待事物是从纯粹的形式开始，进而透过其符号功能（产品语义）来了解事物的内涵。为了简单起见，我们称之为"美学功能"。

美学是一门研究可感知的表象和人的感官认知能力的学科。美学的基本原则过于复杂，在此不再赘述。

对于产品的综合评估不能仅局限于人们的视觉感知，虽然视觉感知能接收到70%~80%的信息，但是，嗅觉、味觉、听觉和触觉的重要性也不容忽视。

例如，刀叉餐具可能会与瓷器餐具接触后产生很大的噪音，木质把手比金属把手摸起来更温暖，劣质塑料把手会发出难闻的气味。在评价美学表象时，值得注意的是，相关的价值观和标准受到社会因素的影响，并且随着时间的推移会发生变化，首先受到影响的是人们的色彩偏好，当然时装设计和室内设计的品位也会受到影响。

美学的核心概念是形式，形式元素是形状、材料、表面处理和色彩。简单地把这些元素加在一起不会产生一种形式，充其量是一种无序的组合体。为了创建形式，形式元素之间必须存在结构化关系。

在下面的例子中，一旦应用了排序原则，两条或三条随意摆放的线就变成了一个十字或三角形。这样，元素就有了形式。

回到形式元素：

	形式元素		有序关系	
两条线	∧	（无序）	✚	（十字）
三条线	∕∖—	（无序）	△	（三角形）

---

① Steffen, Dagmar: Design als Produktsprache, Basel/Berlin/Boston, 2000

形状

因为在大多数情况下，形状是最重要的形式元素，所以，在口语用法中，它常常等同于形式。形状的量和形状特征不是一个概念，形状的量基本上就是产品的尺寸。尺寸小的刀叉餐具能让人感觉到主人的谦恭，而尺寸大的刀叉餐具则能凸显出主人霸气的性格。形状特征在很大程度上取决于形状的**方向**，横向给人以宁静、稳定的感觉；纵向看起来很活跃，有权势，但不太稳定；而斜向则显得动感十足，令人兴奋。

形状特征在潜意识中唤起人们对身体的联想：横向＝消极地躺着；纵向＝积极地站着；斜向＝前倾奔跑。

一套刀叉餐具的形状方向可能并不重要，但其线条、主形和次形是非常重要的。

线条是由形状决定的，可以是柔和弯曲的，也可以是硬朗笔挺的。

主形可以是几何形状（像立方体、圆柱体、球体的一部分，或这些形状的组合）或有机形状。

次形是对主形的细节加工处理，如塑形、浮雕状设计。次形的效果越突出，主形的效果就越弱化，这是一个基本规律。由此可见，过度的装饰会完全破坏主形。

比例问题自然起着重要的作用，一把刀的刀刃长度与刀刃宽度或刀刃与刀柄的比例是多少？比例会影响和谐。比例有两种基本类型：黄金分割和模块化系统。

工业时代常用的**模块化系统**是基于固定尺寸的基本模块，系统中所有其他元件必须是基本模块的倍数。家具行业使用的标准模块化系统是基于一个尺寸为 30 cm×30 cm 的基本模块，这意味着单个元件的宽度和高度分别为 30 cm/60 cm 或 90 cm/120 cm。

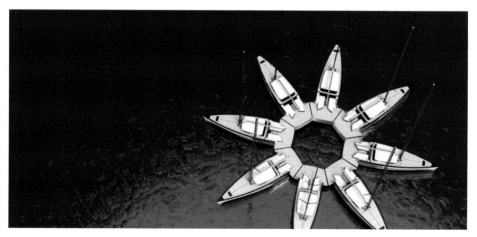

模块化系统应用于游艇设计
项目名称："未来游艇"，约阿内高等专业学院与阳光游艇公司合作
设计者：乔安娜·科尼斯伯格，卢卡斯·沃金格（约阿内高等专业学院工业设计系本科生毕业设计）
指导教师：卢茨·库彻，约翰内斯·舍尔，迈克尔·兰兹（约阿内高等专业学院工业设计系）

黄金分割，又称"神圣配比"，是指整体中两部分的最和谐比例约为 2：3（更精确的比例是 21：34）。

纸张的尺寸（德国工业标准 A 0，1，2，3，4…21：29.7）也许是大家最熟悉的黄金分割的应用范例。

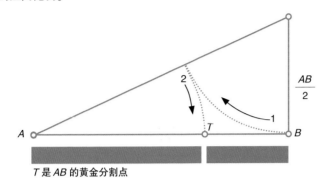

T 是 AB 的黄金分割点

黄金分割（推荐使用）

表面处理

表面处理效果不但可以被看到，还可以被感知到（用指尖轻触或用手去抚摸）。表面处理效果可以用以下的词汇进行描述：

这些词通常用于描述刀叉餐具，如亚光手柄或光亮刀片。平面装饰也会对表面做不同效果的处理。

材料

我们这里不讨论材料的技术性能，而是要讨论材料所产生的感官印象。木材会让人联想到温暖和良好的手握感，而钢材则会让人联想到寒冷和坚硬。如何使用这种材料也很重要。

例如，刀叉餐具所选用的材料是否符合形式和功能的需求？塑料材质因其耐酸性而成为沙拉盛装器皿，但却不适用于刀叉餐具，因为人们不认可塑料的感官印象。仿制材料非常受欢迎，利用新材料和新技术，设计师可以制造出以假乱真的豪华材料。

　　彪马 NAO 是一种基于新的生产方法和创新材料的户外概念篮球鞋，该鞋由在脚周围的弯曲橡胶外底、单独的 3D 打印鞋垫、编织的袜子状鞋面材料和缎带系带组成。用户可以通过交织的"智能织物"进行视觉交互，并读取当前显示分数或收集的运动表现数据。鞋子里的芯片包括一个 GPS 传感器和一个加速度传感器，以及一个电池和一个用于触觉反馈的振动器。智能手机上的一个应用程序与这款鞋相联，穿这款鞋的几个人可以选择联网或在免费场地上组织游戏

　　项目名称：彪马 NAO，约阿内高等专业学院工业设计系本科生毕业设计
　　设计者：朱利安·洛雷茨（约阿内高等专业学院工业设计系）
　　指导教师：迈克尔·兰兹，约翰内斯·舍尔（约阿内高等专业学院）；特雷西·戈德史密斯（彪马运动鞋设计部）

在进化的过程中，自然界中的材料和结构也在不断发展，以应对不断变化的环境条件。材料科学家投入更多的精力来研究这些生物系统，以便从中开发出智能材料。例如，某些新开发的"智能材料"具有自愈合性，其好处是汽车涂料可以自己修复划痕，经过加工后的汽车轮胎的橡胶在不失去弹性和稳定性的情况下自动闭合裂缝。

生产新材料的另一个例子是咖啡残渣的回收。咖啡残渣被收集起来，利用特殊工艺进行处理后，变成生产咖啡杯的原材料，这反过来又保护了我们的环境。

色彩

色彩心理学主要研究不同色彩对人产生的影响，这一广阔的领域在此不必赘述，但是，我们必须要了解的一个关键点是色彩对心理和情绪的刺激作用非常大。在产品设计中，我们把色彩分为两个完全不同的组：一组是活跃的、强烈的色彩，能够使产品从周围环境中脱颖而出；另一组是消极的、中性的色彩，使产品与背景融为一体。产品色彩与尺寸有关系：鲜艳的色彩更适合尺寸较小的物体，如果将其用在较大的物体上，就会显得过分花哨，而且有咄咄逼人之感。

在刀叉餐具的设计方面，必须仔细考虑它们与周围环境的关系。彩色的桌布与中性色彩的瓷器和刀叉匹配吗？中性色彩的桌布与色彩鲜艳的刀叉匹配吗？色彩应该是相互匹配还是互补呢？不同的色彩搭配会营造出和谐、激动、紧张、安静、无聊等效果。

彪马 NAO 的色彩变化

设计者：朱利安·洛雷茨（约阿内高等专业学院工业设计系）

指导教师：迈克尔·兰兹，约翰内斯·舍尔（约阿内高等专业学院）；特雷西·戈德史密斯（彪马运动鞋设计部）

下面要讲述的是形式概念 ① 和形式结构。

加法形式概念就是把各个元素加在一起，主形和次形看起来好像是连接在一起的，而不是组合在一起的。整体形式概念则不同，各个元素不仅被摆放在一起，而且在设计上被组合在一起，次形顺从于主形。

整体形式概念强调总体形状的主导地位，所有其他元素均从属于它。次形已成为主形不可分割的组成部分。

加法　　　　　　　　　整体　　　　　　　　　不可分割

以开瓶器的设计概念为例

复杂性和有序性

复杂性和有序性是形状、材料、表面处理、色彩和形式结构关系中最重要的两个现象，它们相互排斥，在共建的审美感受的张力中处于两极的位置。

复杂性：有趣，刺激　　　　　　　有序性：愉悦，祥和

"莱卡独特时刻"，伊丽莎　　　　　"莱卡 V"，玛尔塔·马图辛设计
白·施梅伊设计

项目名称："莱卡——摄影的未来"，约阿内高等专业学院与莱卡相机股份公司合作
指导教师：迈克尔·兰兹，约翰内斯·舍尔，格拉尔德·施泰纳（约阿内高等专业学院工业设计系）；马克·史帕德，克里斯托夫·格雷德勒（莱卡相机股份公司）

---

① Bürdek, Bernhard E.: Design: Geschichte, Theorie und Praxis der Produktgestaltung, Cologne, 1991

鉴于复杂性与有序性是两个相反的概念，在此我们只罗列出有序性原则的关键词即可：

·横竖关系体系或正交性

·对称

·节奏

直立在水平地面上的人有节奏地呼吸着，身体呈对称结构，这个画面符合从原始时代就存在的这些有序性原则。

以下**感知量表**是基于 K. 阿尔斯莱本和 A. 穆尔斯 [1] 的研究：

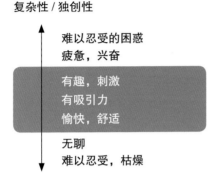

复杂性 / 独创性

难以忍受的困惑
疲惫，兴奋

有趣，刺激
有吸引力
愉快，舒适

无聊
难以忍受，枯燥

有序性 / 平庸性

在感知量表上描述的效应表明，感知的中间区域特别有意思。我们无法给出感知的最佳值，因为这还取决于主观因素，如人的气质和精神状态。感知量表的**最佳中间区**与行为研究和动机心理学有着有趣的相似之处 [2] ：

如果刺激太少或太多，就不会产生活力。同样，学习的动机也会因为难度太高或太低而大大减弱。

此感知量表既可以应用于单个形式元素，也可以应用于整个形式。表面光滑但色彩复杂、高度有序的形状可以给人一种平衡的整体感。为确保评估的全面性，如有可能，我们不应该孤立地去评判一件产品的好坏，而是要尽可能地把它放在人类的感知范围（视觉、听觉、触觉等）所能触及的环境中。

补偿法则在这里也适用：**环境越复杂，产品就应该越有序，反之亦然。**

① Heufler, Gerhard/Rambousek, Friedrich: Produktgestaltung – Gebrauchsgut und Design, Vienna, 1978

② Kükelhaus, Hugo: Organismus und Technik, Frankfurt am Main, 1993

产品语义学

　　许多工业设计专家认为产品语义 ① 即产品的符号功能。产品语义赋予设计新的特性，引发了人们浓厚的兴趣，因而受到越来越多的关注。产品除了具有实用功能和美学功能外，还具有明显的内涵或象征特性。产品语义的作用很容易得到验证，比如一个人看到一台钻机，认为它坚固、强劲、经久耐用，而且易于操作，那么，这台钻机最重要的属性在产品语义 ② 中都得到了明确的表达，因此，它的设计完好地体现了产品语义。用户并不是有意识地去感知产品的象征意义，而是以直观的、情绪化的方式去体验产品。

　　然而，有些产品的设计完全缺失语义特征。更糟糕的是，逻辑上的象征可能会被颠覆。假设一台按理说应该与令人心情愉悦的习惯联系在一起的咖啡机，却散发出无菌实验室设备所有的魅力，这很可能会让用户及其潜在用户的期望落空。当然，人们的期望也存在很大差异。咖啡机的目标群体生活在德国、意大利还是希腊？在这些国家，人们饮用咖啡的习惯各不相同。这意味着产品语义学不仅要关注人与产品之间的相互关系，还要关注文化背景，包括社会和情感因素。人们经历了很长一段时间才使得这些复杂的要求得到系统解决。

　　美国工业设计师协会（IDSA）会长克劳斯·克里彭多夫和赖因哈德·布特在 1983 年 IDSA 年会上首次提出产品语义学，IDSA 杂志《创新》用了一整期来报道这次年会的内容。设计师终于注意到了一个在那之前一直是传播科学、心理学和社会学特权的领域。

　　同年，约亨·格罗斯在奥芬巴赫设计学院提出了他的"产品语义学理论的基本概念" ③。他扩展了以往过分限制的功能概念，将符号功能囊括在内，从而系统地将语义融入产品的功能结构中。

　　设计师们为什么突然对产品语义如此感兴趣？原因可以追溯到 20 世纪 60—70 年代出现的设计潮流。

---

　　① Bürdek, Bernhard E.: Design: Geschichte, Theorie und Praxis der Produktgestaltung, Cologne, 1991
　　② Steffen, Dagmar: Design als Produktsprache, Basel/Berlin/Boston, 2000
　　③ Gros, Jochen: Grundlagen der Theorie der Produktsprache - Einführung, Offenbach, 1983

均一化

随着全球市场的发展，生产厂家逐渐意识到了区域独特性的重要性，因为市场上的产品变得越来越相似，往往到了难以区分的程度。创新的产品理念被隐藏在缺乏想象力的包装背后，设计并没有充分体现出产品身份的独特性。

身份缺失

诸如剪刀之类的大部分机械产品很容易识别，但是微电子时代改变了一切。功能主义的格言"形式服从功能"不再适用，毕竟，谁知道芯片内部发生了什么？

使用问题

绝大多数用户无法跟上日益复杂且强大的技术发展的步伐，人们发现许多进步令人望而生畏。从专家的角度来看，微电子技术带来了不可思议的机遇，但普通消费者对技术产生了恐惧，对使用技术产生了抵触情绪。

设计师的第一反应出现在 20 世纪 80 年代初，在意大利，由埃托·索特萨斯领导的孟菲斯设计集团试图用色彩鲜艳，富有想象力的家具、照明和餐具来对抗枯燥乏味的产品环境。"新德国设计"紧随其后，不过，其肤浅的噱头压倒了严肃的想法，由此产生的媒体炒作显得夸大其词。这些设计师并没有对电子设备的身份、可用性或形式的丧失问题进行仔细研究，他们却为收藏家单独定制或设计昂贵的限量版产品，这些作品最终对我们的产品文化几乎没有任何促进作用。上面的事例说明，几乎任何产品都能传达出意义。然而，在"人与复杂电子设备的交互界面"这一领域，产品语义学显然促使人们不断寻求新的解决方案，并将在未来继续这样做。

尽管渐进式的小型化扩大了设计的自由度，但在很大程度上，技术创新尚未导致独立的、可理解的形式出现。真正的爆炸式增长带来了新的机遇，但最主要的问题是让用户理解如何操作产品。厚厚的手册不是答案，我们需要的是一种让人一目了然的产品语言。界面设计是人与机器之间交互信息的媒介，这就意味着设计必须涵盖软件和硬件，当然也包括产品语言。程序员负责产品语言的语法部分，设计师负责产品语言的语义部分，这里涉及语义学、心理学、软件人机工学、软件开发和图表算法等跨学科知识的融合。

产品语言功能和产品语义学所要解决的都是"沟通"这一问题。那么，沟通的过程是什么呢？

根据迈尔–埃普勒尔 [①] 的**信息传递模式**，基本模块包括发射者、信号和接收者。

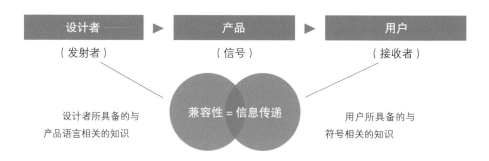

设计作为一种信息传递模式

然而，只有当发射者（设计者）和接收者（用户）所具有的与符号相关的全部知识兼容时，信息传递才有可能实现。因此，设计者的任务必须是将产品的功能转换成接收者也能理解的符号。这就意味着他们必须密切研究目标群体，把学习他们的"语言"放在首位。

① Meyer – Eppler, Werner: Grundlagen und Anwendungen der Informationstheorie, Berlin, 1959

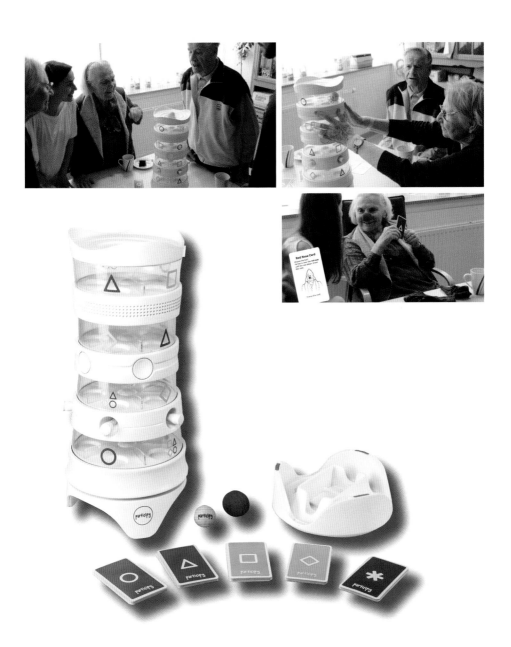

以一款游戏为例诠释产品语言功能

　　"参与者"是一款针对阿尔茨海默病患者及其亲属的游戏，主要目的是对抗孤独感和患者认知能力的加速衰退。这一媒介为护理人员提供了一个机会，使他们能够通过游戏深入了解患者的各种情况，从而更好地进行沟通。简单的符号语言和触觉体验促进了患者、照料者和亲属之间的交流

　　项目名称："参与者"，约阿内高等专业学院工业设计系研究生毕业设计
　　设计者：亚历山德罗・布兰多利西奥（约阿内高等专业学院工业设计系）
　　指导教师：迈克尔・兰兹（约阿内高等专业学院工业设计系）

以一款多功能厨具为例诠释产品的**指示功能**

"KüMa 15"由秤和食品加工机两部分组合而成。尽管兼具多种功能，但这台机器的设计很人性化，而且易于操作。在机器的上半部分，"干食材"和"液体食材"可以分置于两个料斗中称重，以避免食材结块。食材在加工机中称重，然后按一下按钮继续添加，这样可以防止食材溢出。面团混合好后，取出漏斗和搅拌碗，在洗碗机中清洗。这两个电器的连接节省了在橱柜中占用的空间

项目名称："家庭英雄"，与博世家用器具股份有限公司和西门子家用器具股份有限公司合作
设计者：亚历山大·克诺尔（约阿内高等专业学院工业设计系）
指导教师：约翰内斯·舍尔，格哈德·霍伊夫勒（约阿内高等专业学院工业设计系）

符号功能

在设计中，符号总是与产品的实用功能有关，能显示出产品的技术功能或解释产品的操作原理和处理手法。因此，符号功能给出了实用功能（实用主义）的直接信息。以下是奥芬巴赫设计学院的理查德·费舍尔[1]和伯恩哈德·E.布尔戴克[2]在他们的著作中所提及的产品符号表达的几种简单形式。

界线

独立的产品功能面，比如显示屏或控制面，需要从产品的整体形态中用界线分开，可以采用边缘线、抬高或下凹的方式使它们更易于区分。

组合

如果在产品中有数量较多的同一组件，比如手机按键或键盘，通过组合，可以使认知和操作更加方便。

表面肌理

常见的例子：产品表面隆起的肌理暗示用户这是可握持的部分。

色彩对比

采用色彩的彩度和明度的对比，提示产品中某些特别重要或危险的结构或组合件，这也是产品的一种符号性表现。

方向性

像信息终端、遥控器、手电筒等许多产品，使用时哪一端朝前与用户的关系特别密切，这可能会影响到整个设计概念。

---

　① Fischer, Richard: Grundlagen einer Theorie der Produktsprache - Anzeichenfunktionen, Offenbach,1984
　② Bürdek, Bernhard E.: Design: Geschichte, Theorie und Praxis der Produktgestaltung, Cologne, 1991

耐久性

设计师认为可以确保自己的解决方案在结构设计方面经久耐用，却无法博得用户的信任，这种情况时有发生。因此，设计师还必须以合理的指示，直观地展示出产品实际的耐久性。

稳定性

产品的稳定性和耐久性都存在同样的问题：在技术上无懈可击的解决方案，在观察者或用户眼中可能脆弱不堪。例如，支撑用的或加固用的梁柱就是高稳定性的符号。

精密性

细长的形状、锐边、完美无瑕的表面、清晰的线条和边缘，以及显而易见的形态秩序，都能显示出产品的精密性。

灵活性 / 变化性

产品的运动可以分阶段进行，也可以连续进行，并在三个方向上进行：径向（如枢轴或铰链）、轴向（如望远镜或轨道）或径向空间（如球窝接头）。设计应使这些不同的运动清晰可见，以避免误操作。

操作性

控制装置应该清楚地告诉用户如何操作该设备，因此，每一个装置都要经过精心设计，明确表示出是需要转动、按下还是推动。整个操作过程必须采用合适的符号让产品自己说话，以便用户一看就能明白。

易读性

设备必须能让用户一眼就了解使用状态，以及有哪些可用的选择。微电子芯片的大量使用为产品提供了越来越多的功能，这就更加需要易读性，以避免混淆。下面的两个例子表明，在微电子时代，用户往往被复杂的科技所困扰，并产生畏惧心理，因此，合理利用产品的符号变得越来越重要，这样才能大幅提高产品在用户眼中所具有的使用价值。

以数码相机为例诠释产品的符号功能

  莱卡 E 是一款新的双镜头小型相机，你可以选择平面模式或立体模式进行拍照。相机允许访问历史图片，并与真实场景相叠加。显示的城市地图能提供定位信息，取景器可以旋转到最佳拍摄位置，显示屏中心的圆圈是相机灵活性 / 变化性的标志。精密性和质量俱佳是这款高品质相机的重要特征

  项目名称："莱卡——摄影的未来"，约阿内高等专业学院与莱卡相机股份公司合作
  设计者：米罗斯拉夫·特鲁本（约阿内高等专业学院工业设计系）
  指导教师：迈克尔·兰兹，约翰内斯·舍尔，格拉尔德·施泰纳（约阿内高等专业学院工业设计系）；马克·史帕德，克里斯托夫·格雷德勒（莱卡相机股份公司）

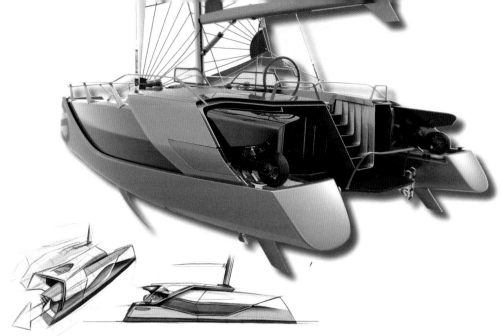

以配有摩托车的游艇为例诠释产品的**象征功能**

　　游艇是最能彰显身份与实力的物品之一，停泊在港口附近的一排游艇总能迎来人们艳羡的眼神和评判。这艘游艇拥有能存放两辆电动摩托车的空间，并能同时为它们充电。中欧地区不仅有最美丽的航海区，还有梦幻般的沿海公路和山道。人们都梦想在此度过一个完美的假期，既能乘坐游艇在海上悠然地航行，又能驾驶摩托车感受速度与激情。电动摩托车的续航里程为400 km。该项目的设计基于航海带给人们的情感和动感体验

　　项目名称："未来游艇"，约阿内高等专业学院与阳光游艇公司合作

　　设计者：安吉·迪德里克森，马克西米利安·特罗伊彻（约阿内高等专业学院本科生毕业设计）

　　指导教师：卢茨·库彻，约翰内斯·舍尔，迈克尔·兰兹（约阿内高等专业学院工业设计系）

象征功能

象征功能是产品语言中最复杂的领域之一，只能在有限的程度内被具体化。直到 20 世纪 80 年代，人们才认识到象征功能的重要性。[1][2]

20 世纪 20 年代是功能主义的全盛时期，设计信条是由美国建筑师路易·沙利文提出的"形式服从功能"。与沙利文不同的是，功能主义者将"功能"简单地理解为实用功能或技术功能，而没有进入到象征功能的层面。这种片面的功能主义也招致了严厉的批评，并在 20 世纪 50—60 年代遭到强烈的反对，因为人们通常认为功能主义的设计追求的只是不带感情且枯燥的实用。

在 20 世纪 80 年代，最初的"形式服从**功能**"又有了新版本，首先出现了"形式服从**情感**"，最终又出现了"形式服从**乐趣**"。

在设计的发展过程中，经常会出现"钟摆朝着另一个方向摆动"的情况。"形式服从功能"的新版本也有弊端：它们在许多情况下否定了产品的实用功能，认为产品的象征功能大于产品的实用功能。

从整体的角度来看，约亨·格罗斯在 20 世纪 70 年代提出的功能主义延伸概念是对"形式服从功能"的最佳诠释，也是我们应该采用的一个设计法则。他认为功能不仅意味着技术和实用功能，更意味着象征和符号功能！

对于这个问题的讨论自然还在延续：哲学家安德烈亚斯·多舍尔恰当地指出，形式既不是由功能决定的，也无须从逻辑上服从功能。他的著作《设计——论实用美学》[3]以一种容易理解的形式阐述了这些复杂的理论关系。

现在我们言归正传，继续探讨象征功能这一话题。我们已经将象征功能定位在拥有者层面，因其可以在社交中体验。产品作为一个符号，其象征特性折射出拥有者的身份。

例如，看到一辆劳斯莱斯车，人们会即刻联想到富裕，即使车主不在车里，这一特征也会转移到车主身上。象征功能是社会文化背景的间接标志，符号功能是实用功能的直接

---

① Gros, Jochen: Grundlagen einer Theorie der Produktsprache - Symbolfunktionen, Offenbach, 1987

② Bürdek, Bernhard E.: Design: Geschichte, Theorie und Praxis der Produktgestaltung, Cologne, 1991

③ Dorschel, Andreas: Gestaltung - Zur Ästhetik des Brauchbaren, Heidelberg, 2003

标志。

正确解释产品所关联的社会文化关系是一项艰巨的任务，因此，我们要从几个方面对这个问题加以阐述。

在格特·泽勒 [①] 理论的基础上，我们将从文化、社会和个人三个不同的层面来理解社会文化关系。产品所具有的象征意义决定了产品对这三个层面的影响。

时代精神——关联性（文化层面）

每个生活在社会之中的个体都是社会的一员，因此也是人类文明和文化的一部分。当然，每个人对这一事实都可以认同、质疑或否认，但谁也无法逃避它的存在或影响。

群体成员——身份（社会层面）

每个人都渴望被社会群体接纳，以显示自己的身份和地位，并获得一定的安全感。某些产品恰好能成为某一群体的身份象征，所以，下面我们要说说什么是身份象征。

人们在寻求归属感的同时，还倾向于追求更高的社会地位。他们模仿偶像的言谈举止和穿衣打扮，也使用"他们的"产品。因此，一个**包含高贵身份意义的物品**不仅能成为象征身份的产品，还能让消费者冒充自己拥有高贵身份。例如，劳斯莱斯是石油大亨的身份象征，但对于一家锯木厂的老板而言，这辆车就是一个包含高贵身份意义的物品。

情感纽带——物品联想（个人层面）

个人层面是指某一物品能唤起一个人潜藏在记忆深处的东西或让他想起自己的一段经历，虽然情感纽带通常与手工制作的（独特的）物品有紧密的关联性，但产品的情感纽带和物品联想作用在如今大规模生产的时代已不多见。为了加强消费者与产品之间的情感纽带关系，生产商可以对产品稍加改动，或更改产品的标签，使消费者的身份与产品环境的关系更加突出，于是，它就成了"他的"专属产品。

斯沃琪（Swatch）在应对个性化需求方面选择了一种非常成功的商业模式。该公司在保持机芯精密度的基础上，将昂贵的机芯部件模块化以供长期使用。他们一直在改变手表外壳的颜色、图案和表面肌理，因为这样做的成本相对较低。公司每年都会推出几款珍藏版手表，并且限量发售。这一成功的营销策略常常被效仿，甚至被冠以"斯沃琪一族"的名字，逐渐成为"时尚"的概念词。

所谓时尚，是指社会成员（当然也包括他们的产品）的外部特征短期和周期性的变化。

---

① Selle, Gert: Produktkultur und Identität, in: form, No. 88, Seeheim, 1979

时尚的本质由两个基本需求决定：首先，人们对**均一性**的渴望，即人们更喜欢被自己所属的社会群体所接受的设计理念。

其次，人们也需要有**差异性**，希望有别于其他群体或大众，追求个性化。

因此，尽管暗示性广告和时尚的影响往往会导致预期的自我形象塑造变成自我欺骗，但是，利用产品塑造自我形象仍不失为一种极为有效的手段。

摩托车非常适合成为群组成员身份的象征符号，在有组织的团体旅行中，你可以体验到骑乘时逐风而行的自由感。摩托车在其产品语言中很好地融合了力量、动感和高技术品质等特性

项目名称："未来游艇"，约阿内高等专业学院与阳光游艇公司合作
设计者：安吉·迪德里克森，马克西米利安·特罗伊彻（约阿内高等专业学院本科生毕业设计）
指导教师：卢茨·库彻，约翰内斯·舍尔，迈克尔·兰兹（约阿内高等专业学院工业设计系）
（参见 p.80）

情绪板

　　在产品设计领域，时尚潮流也在发生日新月异的变化，复古与新潮等款式或并置、或混搭，让众多消费者越来越困惑。特别是对于那些需要经常大量购买的产品而言，时尚的设计意味着它很快就会显得过时，这是一个需要严肃对待的问题。这样的产品不能像橱窗中展示的产品那样，为了刺激萎靡不振的销售，总是在更新。

　　产品的象征功能发挥作用的关键是尽可能准确地定位到目标群体。在界定目标群体时，不再是传统意义上的阶层归属问题，而是在当今"拼凑"社会中，因兴趣、活动和观点相同而拼凑到一起的一个个群体。定义目标群体最有效的工具就是**情绪板**。

　　这些拼贴在一起的图片是为了捕捉目标群体的情绪：他们长什么样？他们在读什么？他们穿什么？他们如何打发闲暇时间？他们买什么产品？以情绪板的形式回答这些问题可以洞察到目标群体的价值观，因此对于开发面向目标群体的产品语言非常有帮助

目标群体

流行篮球鞋

篮球鞋的目标群体分析与趋势研究

产品分析

为了从消费者的角度对本章中与设计相关的内容加以总结，我们想再讲一讲如何进行产品分析。产品分析包括功能分析和成本分析，**功能分析**涵盖了本章中所提及的产品的所有功能，从实用功能到象征功能。为了使这一问题更易于理解，我们来看下面的例子：

示例：计时器

实用功能——使用者层面

1. 置放（摆放、悬挂、随身携带）

2. 设定或上弦（转动阻力、一个 / 两个指针、刻度 / 指针分布）

3. 可见读数（近 / 远）

4. 音频信号（持续时间、音量、声音）

5. 清洁（频率、难度）

6. 精准度（5 分钟 / 60 分钟）

7. 坚固性（防摔强度、抗腐蚀性和耐破损性）

美学功能——观察者层面

1. 造型（比例、尺寸）

2. 材质（触感冷 / 热）

3. 手感（表面光滑 / 有纹理）

4. 色彩（张扬 / 内敛）

5. 整体视觉印象（愉快 / 不愉快 / 失衡）

符号功能

1. 稳定性

2. 精准度

3. 摆动

4. 操作过程自述

象征功能——拥有者层面

1. 与目前的相关性（现代 / 怀旧）

2. 群体成员身份（与目标群体的关系）

现在让我们简单地谈谈**成本分析**。在功能分析中确定了产品的使用价值，在成本分析中确定了产品的交换价值。假设我们是在买方层面上来探讨产品的经济功能，那么，我们就要确定产品的购买价格、运行成本和转售价值。作为产品分析的一部分，成本分析很容易做，因为所有的因素都可以用数字来评估。

购买价格

对于使用价值相同的消费品而言，它们的成本价格可能存在很大的差异。同一种产品的价格也会有所不同，因为价格取决于经销商计算成本的方式。然而，第三方测试报告显示，最贵的未必是最好的！消费者所能做的就是先收集尽可能多的信息，然后进行比较。

运行成本

在价格估算中，消费者往往忽视了产品的运行成本。以彩色打印机为例，其运行成本通常情况下存在被低估的现象。消费者以低廉的价格购买了一台彩色打印机，日后才发现运行成本（彩色墨盒）太高了，耗材的费用严重超支。

转售价值

转售价值在很大程度上也取决于产品的类别，例如，车辆的转售价值很容易计算，而计算计算机的转售价值时，通货膨胀也是要考虑的一个因素。在讨论了成本分析中最重要的几点之后，我们可以从消费者的角度推导出产品整体分析的步骤。

首先，我们必须对不同类型的产品采用不同的标准：

1. 收集标准
2. 根据功能关系和功能范围组织或排序
3. 评估或衡量标准

对功能范围和标准进行评估首先是为了将标准列表缩短到合理的长度（消除无关紧要的标准，以改进拟定的标准），这比任何积分系统都更清楚、更有意义，而且能提供关于消费者对产品期望的准确信息。总之，选择有代表性的目标群体进行测试是提高产品分析准确性的决定因素。

评估测试对象

分析前应该对每个测试对象进行描述，包括用途、目标群体、材料、尺寸、特性、价格等，但先不要评级。这样做的目的是训练认知能力，同时加深对测试对象的了解。接下来要做的就是开始真正的评估，可以采用两种不同的程序：一是使用完整的标准列表对每个产品进行单独检查，二是依照同一个标准（交叉比较）对所有产品进行检查和比较。第二种方法涉及对整个产品某些方面的具体检查。要将部分评估结果纳入整体评估中，最终体现在产品特性概述中。

这种方法可以快速了解产品的主要特征，而积分系统只适用于在某一个范围内获得更详细的信息。只有充分了解产品需求，并对产品特性概述做得极其详尽，才能最大限度地提高产品质量。

牙刷的产品分析图

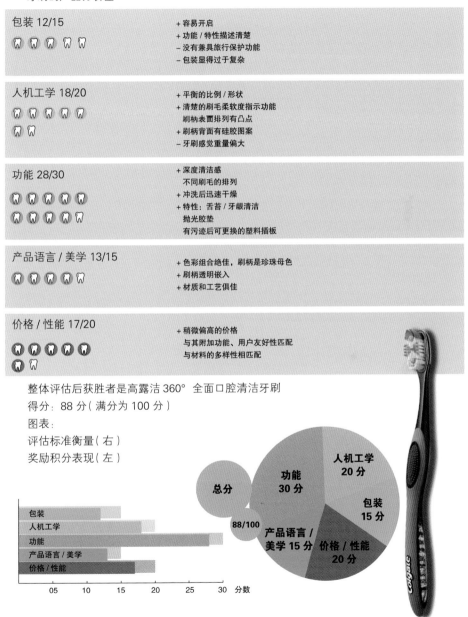

包装 12/15

+ 容易开启
+ 功能 / 特性描述清楚
– 没有兼具旅行保护功能
– 包装显得过于复杂

人机工学 18/20

+ 平衡的比例 / 形状
+ 清楚的刷毛柔软度指示功能
  刷柄表面排列有凸点
+ 刷柄背面有硅胶图案
– 牙刷感觉重量偏大

功能 28/30

+ 深度清洁感
  不同刷毛的排列
+ 冲洗后迅速干燥
+ 特性：舌苔 / 牙龈清洁
  抛光胶垫
  有污迹后可更换的塑料插板

产品语言 / 美学 13/15

+ 色彩组合绝佳，刷柄是珍珠母色
+ 刷柄透明嵌入
+ 材质和工艺俱佳

价格 / 性能 17/20

+ 稍微偏高的价格
  与其附加功能、用户友好性匹配
  与材料的多样性相匹配

整体评估后获胜者是高露洁 360° 全面口腔清洁牙刷
得分：88 分（满分为 100 分）
图表：
评估标准衡量（右）
奖励积分表现（左）

人机工学 20 分
功能 30 分
总分
包装 15 分
88/100
产品语言 / 美学 15 分
价格 / 性能 20 分

包装
人机工学
功能
产品语言 / 美学
价格 / 性能

05 10 15 20 25 30 分数

产品分析者：卡特琳·奥尔，凯瑟琳·布伦纳（约阿内高等专业学院工业设计系）
指导教师：迈克尔·兰兹（约阿内高等专业学院工业设计系），主讲 "设计基础" 课程

产品设计中的人机工学

作者：马蒂亚斯·戈茨博士

    人机工学在工业设计中追求的是人性化的实用物品的概念，其目的是优化消费品和投资品的可理解性、可管理性和舒适性。人机工学起源于 19 世纪中期，当时的目的是制订设计规则，以减少人们在工作中的压力。这个时期的许多见解形成了产品人机工学的基础，被理解为人机工学的一个子领域。

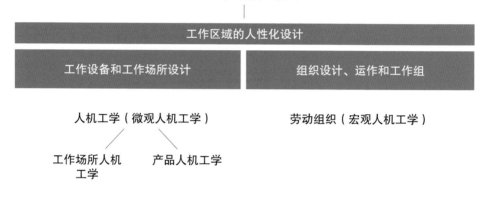

资料来源：人机工学及其子领域，卢察克等，1987[1]

    在我们的工作和日常生活中，人机工学的规则随处可见，已为我们所熟知。也就是说，人机工学法则既适用于私人厨房区域，也适用于实验室工作场所。同样，类似的人机工学标准也可应用于临床检测装置和高保真放大器的开发。有些领域具有极高的专业性，如航天系统、车辆的人机交互或残疾人产品和空间设计。对于产品人机工学而言，很重要的一个方面是要全面考虑到人的特征和能力范围，因为每一个用户都是一个未知的个体。

    下面所概述的人机工学设计原则必须融入整个设计过程之中。

---

    [1] Luczak, Holger/Volpert, W./Raithel, A./Shwier, W.: Arbeitswissenschaftliche Kerndefinition, Gegenstandskatalog, Forschungsgebiete, Edingen Neckarsulm, RKW, 1987

人体测量设计

人体测量学是研究人体尺寸、比例和测量（身体尺寸、运动、重量、力量）的学科。测量结果汇总在表格中，这是人体测量设计的基础。

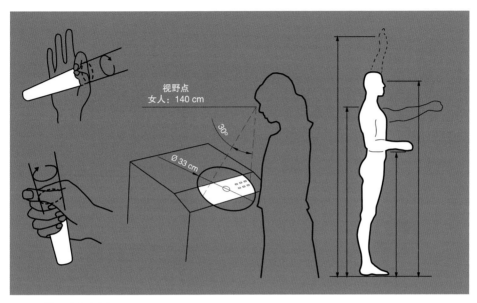

人的尺寸和比例

肢端长度和距离以及周长、面积和体积都是我们要考虑的因素，因此，我们一定要了解直径和长度的最佳处理尺寸。年龄、性别和地域差异会导致人的身高有很大的不同。测量数据的记录时间也必须考虑在内，因为近几十年来人类的平均身高已经增加了 1~2 cm。

设计应适用于尽可能多的人，以办公转椅为例，它既可以为身材矮小的人所用，也可以为身材高大的人所用，这就需要有高度可调节的设计。

医疗实验设备概念设计是学生设计项目的一部分，为了使显示器的倾斜角度和字体大小达到最优化的设计效果，学生必须要考虑到不同身高的人站立时视线的高度：阅读时，应注意尽量减少光反射。身材高大的人使用桌面设备时阅读距离最长，应该能够不受限制地识别出符号和文字。

医学实验设备触摸屏的空间定位

视觉感知

在设计中对于视觉感知规律的考虑能够使设计师利用产品的形状和图案有针对性地传达信息，同时还可以控制眼球的运动轨迹，有助于提高产品的自述能力，使产品的操作更加直观化。毕竟人与产品首次互动源于眼神的交流，在此之后，才能决定下一步的行动。

此外，确保产品视觉感知正确性的因素包括对色彩和明暗对比的选择，以及根据阅读距离所确定的字号大小，这样做同样可以使广告呈现出最佳的阅读效果。

例如，对于红绿色盲的人来说，不受限制的阅读可以通过避免某些颜色的对比来实现，这符合无障碍设计的原则。

游艇的操控装置

项目名称："未来游艇"
设计者：乔安娜·科尼斯伯格，卢卡斯·沃金格
指导教师：迈克尔·兰兹，卢茨·库彻，约翰内斯·舍尔（约阿内高等专业学院工业设计系）

拟真游艇驾驶舱

视觉基础知识和空间视觉感知功能的知识使虚拟环境的营造成为可能。

这些虚拟环境不仅用于测试和展示产品方案，而且也是当今产品的一部分，比如数码眼镜。

触觉设计

人类具有通过触觉感知到某一物体的形状、大小、轮廓、质地、重量等的能力，同时还能意识到这个物体在空间中可能的运动轨迹。在设计中包含这个特性就可以传递出不同的信息。例如，操控装置的形状编码可用于识别功能组，除了区别于其他按键之外，带有手指凹槽的按压式"开关"容许盲人或视力受损的人进行操作。

利用形状编码操控的厨房用称重设备

项目名称："烹饪 2.15"，与飞利浦公司合作

设计者：亚历山大·克诺尔（约阿内高等专业学院工业设计系）

指导教师：约翰内斯·舍尔，马蒂亚斯·戈茨（约阿内高等专业学院工业设计系）

表面材料和质感的恰当选择会直接影响产品的外观，缎面金属材质和光滑的塑料材质的表面温度及与皮肤之间的静电摩擦存在显著的区别，而且人们认为金属材质的质量会更好。

驱动触觉是指驱动距离和驱动力量（即移动产品上的控制按钮、盖子、门或推杆所使用的力量）之间的感受，因此，在设计中可以赋予产品某种触觉特性，以传达出相应的信息和质地特征。例如，插在门内使门推不开的滑动插销给使用者提供了额外的重要信息反馈，即门已关闭。

声学设计

产品的声波形状会受到所选择的材料及其基本结构的影响，中空的金属外壳与铝压铸结构所产生的声音完全不同。从原则上来说，避免产生对产品质量有负面影响的噪音很重要。为了防止损害听力，而且不分散在办公室之类的场合工作时的注意力，操作产品所发出的声音一定要控制在某一范围之内。

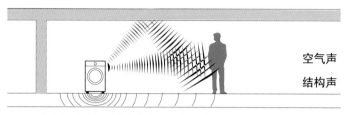

一台机器发出的声音（空气声和结构声）

另一方面，声音也可以成为一个重要的信息通道，有助于理解操作过程。例如，常见的触摸屏既没有声音反馈，也没有触觉反馈，而点击确认所发出的嘀嗒声表明了某项操作的成功完成，整个操作过程完全有别于机械锁定旋钮。声学信号也经常用于指示错误或警告。

此外，声音也可以成为某一品牌的商品明确的形象载体。

信息技术设计

信息技术设计旨在定义人与产品之间的交互作用，同时还要顾及人的认知能力。面对产品，人们首先通过感官摄入信息，再凭借自己的知识和经验对信息进行处理，最后做出决定，进而开启第一步操作（信息转换）。下面这幅"人—产品系统"的结构图描述了人在使用产品时的信息转换过程。

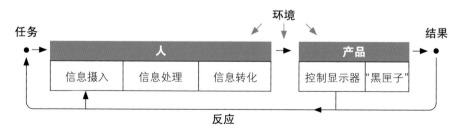

资料来源：人—产品系统，巴布，1992[1]

---

① Bubb, Heiner/Seifert, R.: Struktur des MMS; in: Bubb, Heiner (ed.), Menschliche Zuverlässigkeit, Landsberg, ecomed – Fachverlag, 1992

"人—产品系统"确定了任务和完成任务（结果）之间的关系，人通过有意地去影响某一个产品，试图与外部或自己设定的任务相对应。显示器和操作元件代表了产品的界面，人机工学为其提供了广泛的设计建议，从而赋予操作顺序的显示以逻辑性和一致性，这样就能有效地控制由功能超载而带给人的过度紧张情绪。对于所谓的内部模式（即通过经验、培训和教育所得到的知识）的考虑有助于人对产品的直觉操作。例如，人们通常认为，当从操作者的角度观察时，控制元件"向右、向前"或"顺时针旋转"的动作代表"打开"或"增加"，"向左、向后"或"逆时针旋转"的动作代表"关闭"或"减少"。

机器通过给人提供反馈促进与人之间的交流：提示任务完成的信息，并与设置的任务进行比较，提高执行的可控性，直至成功。这种"比较"能容许人通过重复操作来纠正错误的行为。反馈必须在一定的时间窗口内进行，并且可以通过不同的感觉通道输出。为了提高系统的安全性，有必要同时开启多个感觉通道，例如，用声音信号为视觉信号提供辅助支持。声音、灯光等环境因素也会对这种效果的营造产生影响，因此在设计中也必须考虑到。在许多情况下，特别是对于电子设备而言，控制元件和显示器是人与物之间进行交流的唯一界面（"黑匣子"，布尔戴克，1992[①]），因此，人机工学在这类产品的设计中发挥着日益重要的作用。

人机工学工作坊：具有温度和时间控制的炉灶面的开发。以 1:1 的比例测试不同的炉灶面

---

① Bürdek, Bernhard E.: Design: Geschichte, Theorie u. Praxis der Produktgestaltung, DuMont Buchverlag, Cologne, 1992

在第三学期的人机工学工作坊中，学生们的任务是开发炉灶面。首先是为温度控制设计一个"自解释"的操作概念，然后，在烹饪面板上布置一个烹饪区，使得每个烹饪区都有清晰可见的控制元件，即使放上锅和罐之后，用户依然可以读取到所有与操作相关的数据，而且在烹饪过程中不会烧到手指。

将人机工学设计融合到整个设计过程中

在整个设计过程中，包括最初的研究和分析阶段，人机工学设计都要融入其中。考虑到人类能力和特性的一些设计标准、规则和表格的设计建议有助于验证某个想法的可实施性，如有必要，还可以进一步扩展这个想法，并明确地指示出未来产品可能拥有的组件、性质和必要功能。新产品开发的创意可能就是基于人机工学的发现。

对于那些无章可循的选题而言，建议与试验人员一起进行测试，或开展一些人机工学试验，以此确定选题的可行性。

人机工学检查表在构思和设计的决策过程中起到了支撑作用，3D 人体模型可用于对数字产品概念的评估，以此减少实际制作的原型数量。

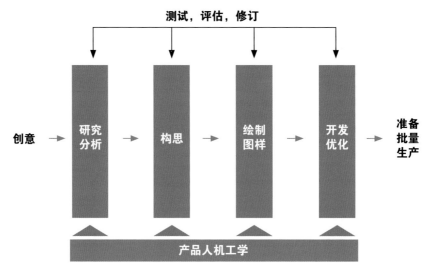

资料来源：产品人机工学在设计过程中的融合，格哈德·霍伊夫勒

　　因此，人机工学是设计过程的一个元素，当然也不断参与到各个阶段的测试、评估和修订中。

"项目设计和人机工学"课程
以人机工学为焦点的设计过程

项目名称："工具时间"（约阿内高等专业学院工业设计系）
设计者：蒂姆·汉德霍夫
蒂姆·汉德霍夫的设计习作"Fein EBS300"是对经典钢锯优化处理的创新解释

传统钢锯（左），蒂姆·汉德霍夫设计的钢锯（右）

侧视图和结构特征

这把钢锯的基本技术原理是两个锯片反向运动，充电电池可提供所需的能量。由于有两个反向旋转的摆动锯片，上方所施加的一点点压力就足以锯切，从而省去了锯片的水平移动控制，使操作者主要集中在垂直切割上。电动锯片采用了节能设计

在设计手柄时，要确保手大小不同的使用者都能很好地使用这把锯，这就意味着在手柄横截面上要为手小的使用者设计一个环绕的手柄，同时还要为手大使用者的手指留出足够的空间，矩形截面正好能满足这一需求。手柄的长度以满足手大的使用者为目的而设计，因为这种长度也同样适合手小的使用者

在手柄设计上故意省略了能容放手指的五个凹槽，因为人体参数显示人的手形千差万别，没有哪种手柄凹槽可以适合所有使用者，带有凹槽的手柄只能使大多数使用者感到不适。因此，允许手指自由定位的光滑手柄表面才是最佳设计。不过，这些手柄的最佳空间取向仅适用于惯用右手的人，秉承公正对待所有用户的原则，还需要有为左撇子使用者专门设计的手柄

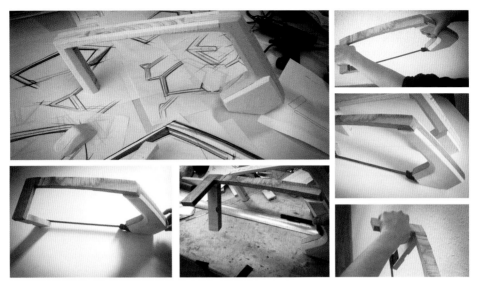

用于检测人体参数设计的人机工学模型。设计者：蒂姆·汉德霍夫（约阿内高等专业学院）

人机工学数据基于检测了几个人机工学模型后而得出。改变手柄的空间方向是为了使锯的功能轴线与前臂轴线相匹配。

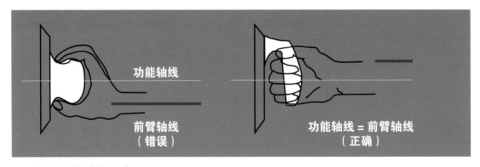

功能轴线和解剖轴线的分配
资料来源：《人机工学手册》(HdE 2011) [1]

平移比旋转更适合处理较大的工作阻力，手臂的平移运动需要具有良好身体支撑的大肌肉群的参与。从解剖学角度来看，这意味着前臂的纵轴线必须与手部的第三掌骨对齐，以符合人机工学的手柄设计。

框架的不对称形状可以清楚地看到切割区域，从而更好地控制切割过程，显示器显示与锯片垂直对齐的偏差能支持垂直切割。显示器的字体大小和线宽的设计是为了在使用钢锯时与读取距离相匹配。

---

[1] Bundesamt für Wehrtechnik und Beschaffung, Handbuch der Ergonomie, 2011

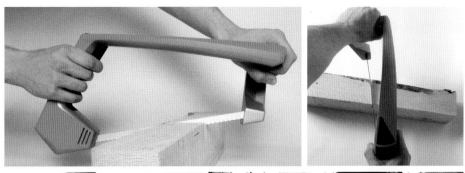

使用中的钢锯（上和左下）和正在做设计模型的蒂姆·汉德霍夫（右下）
（约阿内高等专业学院工业设计系）

　　这把锯的基本形状和清晰显示的手柄位置来源于人们都熟悉的钢锯造型。显示器的概念以及控制元件按钮的设计使功能显而易见，并且与人类熟悉的内部结构相对应，可见设计者在设计的过程中考虑到了人的认知能力和期望的差异化。

锯的垂直对齐展示和正在做设计模型的设计者（最右）

如何开发产品？

设计过程解析

绪论——关于设计过程

产品开发和相关的设计是一个不断更新的过程。数字化进程中创造出的工具为设计师提供了创新设计的可能性，例如，电子绘图板或参数化设计（使用 Grasshopper 3D）已经得到广泛使用。这些新工具不仅影响了产品的制造，而且影响了整个设计过程。

> **每个设计过程的目标无疑是设计出高质量和考虑周全的产品、系统、服务或用户体验！**

本章的任务是使设计过程透明化，并在设计中引入相应的工具。结构有序的工作步骤排列有助于确定方向，使设计过程中每个阶段都清晰可见。每个设计师必须寻找到为自己所用的工具和方法，并尽可能在使用中做到游刃有余。不过，我们还是以基础知识为切入点，首先回答这样一个问题：什么是好的设计？

20 世纪 70 年代，**迪特·拉姆斯**撰写了 **10 篇关于设计的论文**，这对他本人及其他在博朗从事设计工作的同事具有决定性的意义。他所提出的原则是一种设计哲学，有助于定位和理解设计，但不应该也不可能成为成功设计的保证。正如技术和文化不断发展一样，"什么是好的设计"这一概念也在自然而然地向前发展。然而，有些论文的内容具有普适性，特别是资源保护和用户友好等话题，一直是备受社会关注的焦点问题。

1. 好的设计是创新的

创新的可能性永远不会枯竭。技术的发展不断为创新设计提供新的机遇，但设计的创新总是与技术的创新同步发展，永远不要为了创新而创新。

2. 好的设计是实用的

购买产品是为了使用，所以它不仅要满足功能上的要求，还要满足心理和审美上的需求。好的设计强调产品的可用性，与此目的相悖的一切都不应加以考虑。

3. 好的设计是唯美的

产品的美学品质，也就是它所拥有的魅力，是实用性必不可少的一部分。如果人们每天都要使用那些难以捉摸、令人心烦意乱、感觉与自己毫无关系的产品，心情肯定不会愉快，而且会感到很乏味。然而，产品的美学品质很难界定，原因有二：首先，视觉感受很难用语言表达出来，因为同一个词对不同的人可能有不同的含义；其次，美学品质存有细微的差异和微妙的变化过程，是众多视觉元素和谐与微妙的平衡，只有经过多年经验训练的双眼才能做出正确的判断。

4. 好的设计使产品易于理解

设计阐明了产品的结构，而且可以让产品说话。最好的设计能够让产品自己解释自己，使用者无须再去研究那些令人费解的操作说明。

5. 好的设计是谦虚的

履行某种功能的产品具有工具属性，它们既不是装饰物也不是艺术品。因此，它们的设计应该是中立而克制的，为使用者的自我表达留出空间。

6. 好的设计是诚实的

设计不是让产品更有创新性，也不是让产品看起来比实际上更强大或更有价值，更不是试图用无法兑现的承诺来取悦消费者。

7. 好的设计是经久永恒的

不去迎合时尚的好的设计永远也不会过时，即使在如今崇尚一次性消费的社会，它也同样会经久不衰，这与时尚的设计形成鲜明的对比。

8. 好的设计注重细节

设计过程中不能容忍的是随意和偶然，只有审慎和精准方能表达出对消费者的尊重。

9. 好的设计是环保的

设计可以而且必须为保护环境做出贡献，设计要考虑到节约资源，最大限度地降低物理和视觉污染，减少对环境的破坏。

10. 好的设计是尽可能少的设计

简约，却更精致——因为设计侧重于要领，而不是产品上多余的废物。设计应当回归纯粹，回归简单。[①]

好的设计是尽可能少的设计，这一观点很自然地反映出了迪特·拉姆斯的个人设计方法，但却不是一条万能法则。产品是否必须或一直可以做到谦虚且诚实呢？对这个问题的回答也可谓仁者见仁，智者见智。

毋庸置疑，迪特·拉姆斯是大家公认的最有影响力的德国设计师之一。他的设计方法总是能引领潮流，并影响了许多后来的设计师。

---

① Rams, Dieter: Weniger aber besser, Jo Klatt Design+Design Verlag, Hamburg, 1995

现在，假如要对决定产品设计的所有变量进行排序，我们可以确定四种类型的因素：

1. 人为因素（身体、情感和社交用户需求）
2. 技术因素（材料选择和制造工艺）
3. 经济因素（材料、工具和劳动力成本）
4. 生态因素（原材料和能源消耗、环境影响）

这些以许雷尔[①]的设计理论为基础的产品决定因素具有从理性到非理性的不同特征，相应的评价标准也从客观到主观不等。设计的任务是把所有这些不同的，有时甚至是相互矛盾的因素结合起来，这些因素决定了产品的整体性。

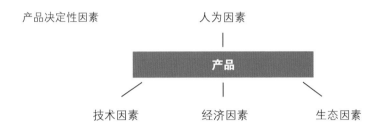

从任务开始，到最后生产出具体的产品，在整个过程中，我们都做了什么？与每一个创造过程一样，设计过程也是一个问题求解的过程。设计首先要从发现与明确需要解决的问题开始，这句话说起来容易，实际操作却很难，甚至是一个很难越过的障碍。那么，设计过程中**解决问题**这一环节该如何做呢？

首先是**理性—分析阶段**，目的是区分和拆解问题；然后是**情感—直觉阶段**，目的是尽力整合和统一问题。科学家注重理性的一面，而艺术家则倾向于直觉的一面。在设计日用消费品时，这两个方面总是相互作用的。毕竟，人类的需求（产品应该满足的需求）也是从理性到非理性！

从"任务"开始，你必须以"问题"为轴，按你自己的方式开展工作。有时你会通过分析而获得工作上的进展，有时你只是凭借想象或创造性就能获得工作上的进展。你必须一次又一次地在这两种方法之间进行协调，就像 p.102 展示的那把梯子一样，我们需要用横档把双螺旋杆连接在一起，否则它们会离轴太远，看不到共同的目标。

① Schürer, Arnold: Der Einfluß produktbestimmender Faktoren auf die Gestaltung, Bielefeld, 1974

这个设计模型是基于 F. G. 温特[1] 的作品制作而成的，它与 DNA 的双螺旋结构极其相似，DNA 所携带的遗传密码是所有生物的通用模板。另一个相似之处可以在意识心理学中找到，我们大脑的工作方式可以归结为两个基本功能：大脑的左半球（控制身体的右半部分）负责认知和逻辑思维，大脑的右半球（控制身体的左半部分）负责创造力和直觉。在西方社会，人们过度强调左脑，也就是大脑的理性部分，这也许可以解释为什么许多知识分子对冥想、禅宗和其他非理性现象感兴趣，因为他们这样做是对大脑的补偿。

问题解决方案

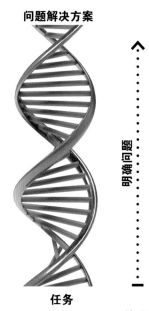

明确问题

任务

理性—分析阶段
知识 / 经验 / 安全

情感—直觉阶段
感觉 / 想象 / 风险

问题求解过程

在我们的设计模型中，理性分析和情感直觉这两个阶段在逻辑上结合在一起，帮助我们更好地理解通常比较复杂的设计过程。在设计过程中要提出的下一个问题是形式自由度，根据英戈·克勒克尔[2] 的理论，形式自由度主要取决于产品的类型，下面的例子将对此进行解释。对于像钻头或涡轮叶片之类的产品而言，工程参数决定了它们的外观、尺寸和比例，在形式上完全没有自由度，设计就显得毫无意义，否则，此类产品的技术功能肯定会受到损害。

① Winter, Friedrich G.: Gestalten: Didaktik oder Urprinzip, Ravensburg, 1984
② Klöcker, Ingo: Produktgestaltung, Berlin, 1981

珠宝或装饰品的形式自由度是无限的，因为它们的技术规范远没有那么重要，占主导地位的是各种各样的艺术和时尚形式。资本货物和日用消费品的形式自由度恰好介于这两类极端的产品之间，只是日用消费品的形式自由度比资本货物更大，因为消费品的技术复杂性不强，还要尽量去迎合用户的主观个性化需求。

我们可以总结出这样的规律：技术越复杂或使用面越广的产品，形式自由度越低。相反，随着技术复杂性的降低或使用面变窄（趋于个性化使用），形式自由度也会增加。

资本货物领域的**形式自由度**通常相对较低，这里展示的全自动碎木机兼具了多台机器的功能，可以在短时间内生产大量的木屑，因此，工程研发才是这台机器的设计核心

项目名称："未来碎木机"，与 Komptech 公司合作
设计者：克里斯托夫·安德烈契奇，马克西米利安·特罗伊彻（约阿内高等专业学院工业设计系）
设计指导教师：约翰内斯·舍尔（约阿内高等专业学院工业设计系）
创新指导教师：格拉尔德·施泰纳（约阿内高等专业学院工业设计系）

使用的高度个性化使得**时装设计**（珠宝）具有很高的**形式自由度**。

在**交通设计中**，形式自由度取决于各品牌或车型系列的产品语言。

设计者：塞巴斯蒂安·翁德罗（约阿内高等专业学院工业设计系研究生）

与宝马设计中心合作的研究生毕业设计："宝马 H2 概念"（氢能跑车）
设计者：菲利普·弗洛姆
指导教师：迈克尔·兰兹，卢茨·库彻（约阿内高等专业学院工业设计系）；马尔里希·施特罗尔，汉斯·施特恩（宝马）；马库斯·克里梅尔（宝马车模制作）

设计过程——从创意到批量生产

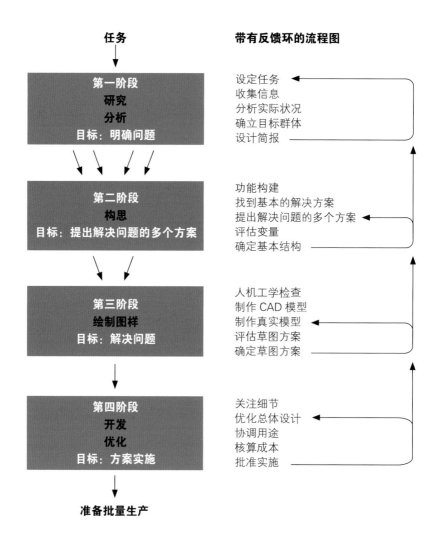

让我们再回到设计过程。流程图只是一种图表模式，却能清楚地显示出整个设计过程。在实际运用中，过程可以被反复修改，以适应手头的任务，优先级设置也在不断变动。反馈环有很强的参考价值，当反馈显示某个路径没有达到预期的目标或最佳解决方案时，你必须回到环的起点。如果你在工作中有了新的发现，导致情况出现逆转，这时反馈环的作用就变得格外重要。例如，你发现某一种材料不再可用了，那么，你可以使用什么替代材料呢？这对整个设计会造成什么影响呢？

因为每一个设计过程都必须在更大的产品开发框架内进行观察，所以它具有**跨学科的团队特征**，需要市场营销、建造等各个领域的专家共同努力来解决问题。因此，我们将用下面这个图来展示设计工作的各个阶段和所涉及的部门之间的关系。

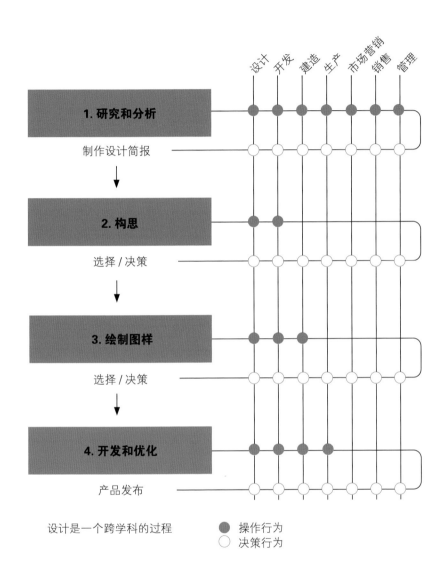

设计是一个跨学科的过程 ● 操作行为 ○ 决策行为

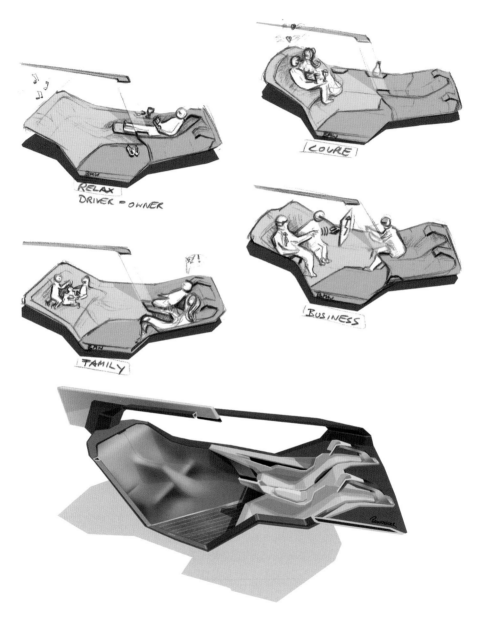

以自动驾驶汽车为例诠释**研究**和**分析**

自动驾驶汽车技术使我们在未来驾驶时可以做一些其他的事情，比如好好休息、开商务会议、玩棋盘游戏等，从而使旅途变得更有意义。对用户及其需求的调查能提供更多的思路

项目名称："自动驾驶"，约阿内高等专业学院与宝马设计中心合作
设计及草图绘制：丹尼尔·布伦斯泰纳（约阿内高等专业学院工业设计系）
指导教师：格哈德·弗里德里希，克里斯蒂安·鲍埃尔（宝马设计中心）；迈克尔·兰兹，马克·伊舍普，米尔托斯·奥利弗·昆图拉斯（约阿内高等专业学院工业设计系）

研究和分析

目标：明确问题

设计过程始于任务设定，为了避免在此阶段就犯错误，我们应该考虑的一个问题是：日用品一定要具有实用功能，可以帮助人们解决问题。例如，如果你想在一张纸上画一个圆，你可以使用圆规、模板、大头针、线和书写工具来解决这个问题，而且不同的解决方案和不同的材料都可以达到相同的目的。因此，在设定任务时，我们的关注点不应该是产品，而是需要解决的问题。

这在设计过程中意味着什么呢？

我们必须得摆脱"以产品为导向"的思维，去做"以问题为导向"的工作！

以照明为例，如果设计任务是开发新的灯罩，创意的范围是有限的，人们并不期待革命性的解决方案。然而，如果设计任务是解决眩光这一问题，人们就能想出一些创新的解决方案，如极化滤波器等。因此，设定任务必须以用户及其需求为中心，而且措辞应该谨慎，思路不要太窄，否则也就失去了找到新方法的机会。

任务设定完成后，我们要做的第一件事情就是收集信息，也就是开始进入**研究**阶段。在设计实践中，这意味着收集客户和竞争对手的产品数据，并根据各种标准（工程学、人机工学、市场成功案例等）对数据进行评估，以此了解现有产品的优缺点。此外，我们还要通过评估销售统计数字或系统调查有代表性的人群，进行市场分析。这些步骤基本上都是为了对实际情况了如指掌，完成产品状态分析。

产品状态分析包括市场调研、目标群体分析和需求评估，另外值得一提的一点就是产品分析要从消费者的角度出发。通过对比分析自己公司的产品和竞争对手的产品，我们可以识别出任务本身所存在的问题，从而提高问题意识，这在开发团队中是至关重要的一个环节。

由于时间或人员的缺乏，这样的分析常常无法进行，进而阻碍我们去发现与明确问题。同样的原则也适用于医学领域：医生的任务并不是只关注某种疾病可识别到的表面症状，而是要去发现引发这种疾病的深层次原因，并对其采取相应的治疗措施！前者可以比作表面的粉饰，而后者则是一个问题求解的过程。没有深入的诊断就不可能获得治疗方案，同样，没有深入的分析就没有设计过程。

在开始对选定的主题（历史发展、文化关系、技术背景、市场分析等）进行广泛研究之后，我们必须对目标群体进行仔细的筛选。正如之前"象征功能"一章所述，**确立目标群体**可以采用拼贴的方式来进行，即所谓的**情绪板**。我们可以提出如下的问题："他们长什么样？他们在读什么书？他们穿什么衣服？他们如何度过假期？他们买什么产品？"问题的提示答案可以从分组人群的价值观中衍生出来，并组合在一起形成一个信息，在随后的设计中用产品语言表达出来（参见 p.84）。

在第二阶段开始之前，参与新产品开发的所有部门（市场营销、建造、生产等）必须通力合作，把从第一阶段研究和分析中收集到的结果以设计规范或数据表的形式体现出来。对于技术复杂的产品而言，设计规范或数据表的制订无疑是一项艰巨的任务，而且最令人挠头的是，这些文件常常混乱不清。

设计简报以紧凑的形式总结了影响设计的因素，不失为一种有效的工具，对整个设计过程非常重要，能够在每个阶段结束时对结果进行核查，以确保达到了既定的目标。

通过"对目标群体、趋势、未来的大趋势、调查、产品等的分析"来展示**研究阶段**的结果

项目名称："莱卡——摄影的未来"，约阿内高等专业学院与莱卡相机股份公司合作
指导教师：迈克尔·兰兹，约翰内斯·舍尔，格拉尔德·施泰纳（约阿内高等专业学院工业设计系）；马克·史帕德，克里斯托夫·格雷德勒（莱卡相机股份公司）

制作设计简报必须搞清楚两个问题：

一是必须满足的**需求**（比如最小体积、最大尺寸、预算成本等），否则解决方案将是不可接受的；二是应尽可能考虑但不是绝对必要的需求（比如可堆叠性、可组合性、附加功能等）。

通常情况下，设计简报需包含如下几个方面的内容：

应用 / 目标群体 / 市场
功能、用途
决定性的特征
目标受众识别
竞争分析、市场状况
企业识别

技术 / 经济需求
技术数据（体积、重量等）
环境条件（温度、湿度等）
操作、维护、使用期限
处理、动作
建造、模型、装备、包装类型
需求、标准、专利、产品责任
数量、价格

环境适应性
生产和使用中的能源和原材料消耗
寿命、可维修、可改装、可拆卸、可回收
原材料减少

日程表
开发、设计、施工
生产计划、市场推出

在产品开发的早期阶段（可能会持续很长一段时间），设计简报只是一个**粗略的方案**，随着时间的推移，会有更多新的发现，设计简报也会变得越来越**详尽**。

在实践中，特别是一些中小企业，他们没有花足够的时间去认真做好设计简报，往往只是进行口头交流！

然而，良好的简报是成功的设计过程的先决条件。

研究方法 / 用户旅程地图

滑翔机驾驶员从起飞到降落要经历哪些阶段？

用户旅程地图使用者与产品或服务的体验可视化，使用过程中的每个时刻都需要单独评估和改进。在下面的案例中，我们分析了 14 个单独的步骤，并记录了负面作用。通过设计团队的讨论，我们可以修改糟糕的用户体验，或者对效率加以提高。用户旅程地图通常包含在角色分析和场景介绍的内容之中。只有深入研究才能揭示用户的需求、感受和认知，把困惑、压力和沮丧等消极时刻真实地呈现出来，以此实现优化产品或服务的目的。

对于滑翔机的用户旅程地图所做的研究

项目名称：NORTE 滑翔机，约阿内高等专业学院工业设计系亚历山大·克诺尔的研究生毕业设计

指导教师：约翰内斯·舍尔（约阿内高等专业学院工业设计系）（项目的设计细节参见 p.216~p.227）

7. 加速

　　飞机在开始滑行的前几米必须保持平衡，因为速度仍然很低，机翼可能会倾斜到草丛中

——没有保持平衡

8. 滑行

　　滑翔机仍然以很慢的速度前行，飞行员必须费力控制方向以保持平衡

——没有保持平衡
——报警器响起

9. 起飞

　　由于前方的牵引机重量很低，滑翔机开始升空，它在低空飞过跑道

——报警器响起

10. 牵引

　　由于前方的牵引机重量很低，滑翔机开始升空，它在低空飞过跑道

——报警器响起

11. 脱钩

　　黄色的旋钮用来将牵引绳脱钩。在紧急情况下，牵引机飞行员可以切断绳索

12. 飞行

　　速度表和变压表指示飞机上升和下降的速度

——布局混乱
——报警器遮挡了视线

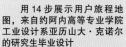

13. 着陆

　　在跑道上，飞机着陆直至停止并倾斜到一边

——落地后飞机失控

14. 着陆方法

　　飞行员使用空气制动器，增加空气阻力和下沉速度，这意味着滑翔机以可控的方式迅速着陆

　　用14步展示用户旅程地图，来自约阿内高等专业学院工业设计系亚历山大·克诺尔的研究生毕业设计
　　指导教师：约翰内斯·舍尔（约阿内高等专业学院工业设计系）

以电动摩托车为例诠释构思

以"KTM 穿越极限"为题开发出的新一代摩托车，配备了创新的驱动技术（电机）。车的设计语言必须适应新的驱动技术

项目名称："KTM 穿越极限"，约阿内高等专业学院工业设计系与 KTM 和 KISKA 设计工作室合作

设计者：菲利普・弗洛姆（约阿内高等专业学院工业设计系）

指导教师：迈克尔・兰兹，马克・伊舍普，卢茨・库彻（约阿内高等专业学院工业设计系）；克里斯托夫・多夫（KISKA 设计工作室）

构思

目标：提供解决问题的多个方案

在概念阶段，首先是对产品语言和以用途为中心的基本技术解决方案的开发，然后把这些方案符合逻辑地组合在一起。在此阶段，最重要的一点是**大胆构思，提出解决问题的多个方案**。因此，不要仅仅因为"我们以前从未这样做过"就过早地踩刹车，而是要允许不同寻常的事情发生，只有这样，才能找到创新的解决方案。在随后的设计阶段，我们将不会有太多的机会进行自由发挥！

建造师和设计师在概念阶段所做的事情通常会存在根本的差异，考虑到整体功能往往被划分为一个单独的区域，建造师的出发点往往是为每个区域寻求单独的解决方案，然后把这些方案组合在一起，形成一个整体的设计方案。而设计师则通常更像一个雕塑家，他们会选择从"粗糙到精细"，也就是说，从一个全面的（有时是有远见的）总体方案到一个详细的解决方案。这样做的缺点是容易出现理解上的偏差，因为直觉型通常有别于理智型实用主义者。但是，在产品开发过程中，我们需要这两种类型的人在一起通力合作，只是要尽力避免冲突的发生。

然而，在许多情况下，任务中所要求的产品的整体功能也必须由设计者来架构，即合理地划分出功能的主次。只有这样做，由一系列相互关联的问题组成的任务才具有可管理性，这些问题也才能逐步得以解决。那么，如何构建一个问题呢？下面，我们将描述一个来自价值分析的方法。

功能构建

我们考虑的出发点是一个现成的产品，并视其为一个由不同元件组成的活跃的系统。系统承载着整体功能，每个元件都是单个功能的载体。

功能总是用"动词 + 名词"（尽量用主动语态）来描述，比如，转动一个轮子，画一个六边形或砸裂一块石头。

为了对功能进行描述，我们必须要先弄清楚两个问题："产品作为一个整体的用途是什么？"（整体功能）和"每个元件都分管什么功能？"（个体功能）。

我们将以**手电筒**[①]为例来说明这个过程。首先，为了生产出手电筒这一产品，并使其具备人们所需的功能，我们必须要对手电筒及其各个元件有一个清晰的描述。下面这个结构化的功能图所呈现出的只是与产品相关的实际情况，不过，要想找到解决问题的新方法，就必须先从实际情况出发，再转入对抽象化功能的思考：视产品功能为整体功能，各元件的功能为个体功能。

产品描述 ➜　　**产品功能**　　➜　　**整体功能**
　　　　　　　　　　（产品作为一个整体的用途　　　产品抽象化功能
　　　　　　　　　　是什么？）

| 手电筒 | 便携式照明工具 | 以小巧的外形提供照明 |

元件描述　➜　　**各元件功能**　　　　　　　　**个体功能**
　　　　　　　　　　（每个元件都分管什么功 ➜　　各元件抽象化功能
　　　　　　　　　　能？）

灯泡	灯丝发光	发光
固定器	灯泡螺口	固定光源
反射罩	聚光	聚光
光杯	保护灯泡和反射罩	保护光源
电筒壳	罩住灯泡和电池	罩住功能媒介
	提供手持方式	形成手持区域
开关	接通电路	控光
电池	储存电能	蓄能
触点	接通电流	导电

---

① Heufler, Gerhard: Produkt - Design, ...von der Idee zur Serienreife, Linz, 1987

这种从"以产品为导向"到"以功能为导向"的思维方式的转变，对设计过程来说是极其重要的，因为这样做能拓宽寻找创意的思路。

在上面所举的例子中，产品的抽象化功能不仅适用于对手电筒的描述，同样也适用于对石器时代的火把和基于先进光化学技术的潜水员用荧光灯的描述。以手电筒为例：在划分了它的功能之后，问题也被分解了，总的问题被分成了一个个单独的问题，这样我们才可以继续开展下一步的设计。

还是以手电筒为例，在构建问题并将其分解为一个个问题之后，我们要进行下面的一些操作。

必须为所有的个体功能找到几个解决方案。

比如蓄能：
· 电池（圆柱形、方形）
· 可充电电池（插入电源充电、太阳能电池等）

比如发光：
· 灯泡
· 卤素灯
· 发光二极管（LED）

在为所有的个体功能找到解决方案之后，我们可以将这些单独的解决方案放在一起，以产生最初的可选方案，将其写入设计简报。这些方案遵循问题解决方案的理论结构的指导原则。在我们的例子中，两个可选的方案如下。

方案 A：方形筒壳的手电筒。
3~4 个低能耗的 LED 灯排成一排，并由凸起的筒头保护。可充电电池由位于手电筒顶部的太阳能电池进行充电。开启方式是轻轻地把筒壳的两部分挤靠在一起。

方案 B：圆柱形筒壳的手电筒。
一个卤素灯，小巧的形状类似一支笔，线性电池和反射罩由筒壳外身的一个透明罩保护着。开启方式是向相反的方向旋转筒壳的两部分。

方案 A 或方案 B 将在设计简报的基础上加以选择。

构思阶段的手绘草图（素描稿）

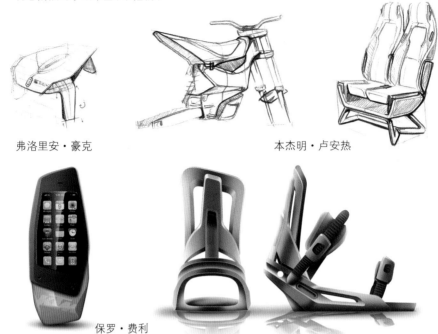

弗洛里安·豪克　　　　　　　　　本杰明·卢安热

保罗·费利

迈克尔·霍尔泽

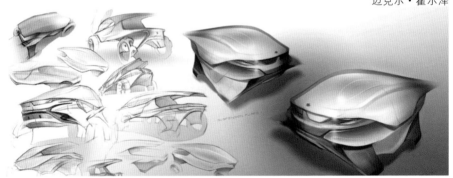

斯特凡·马尔岑多夫　　　　　　亚历山大·克诺尔

在 Wacom 交互式图形板上创建的 Photoshop 效果图（渲染图）
"数字设计工具"课程的技法展示，授课教师为约阿内高等专业学院的约翰内斯·舍尔

构思阶段的**表现手法**：

在产品设计中，设计师通常会以手绘草图（素描稿或效果图）和操作模型（比例模型或结构模型）的形式来展示他们的不同方案。**总布置图**是整个操作中不可或缺的基础，它将所有重要的模块按正确的顺序进行了示意。

比例模型也称为操作模型、初期模型或立体模型，通常由易于塑形的材料（如泡沫、纸板或木材）制成，因为原则上这类模型都需要经历不断的修改、改进和修饰。
建模亦可被描述为 3D 设计，这项工作是非常重要的，因为只有做出模型后，我们才能够判断出一个三维物体的比例。

结构模型要显示出承重性和构造有效的结构，以证明强度、安全性和可行性。结构模型的最佳尺度要与未来产品的真实尺寸等同，这不仅仅是为了满足真实视觉效果的需要，而且还可以更有效地验证触觉和人机工学方面的特征，如手柄形状等。**人机工学模型**的要求也可以同时得到满足，典型的例子包括吹风机、电话、电钻等。对于较大的物体，则需按照适当的比例缩小尺寸。

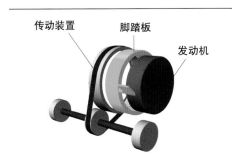
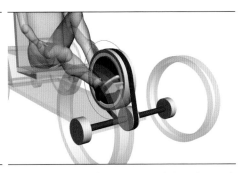

电动助力车总布置图。设计者：伊莎贝拉·齐德克，约沙·赫罗德（约阿内高等专业学院工业设计系）（项目的设计细节参见 p.178~p.193）

约阿内高等专业学院工业设计系 Dyson 工作室设计的操作模型框架结构

手锯比例模型。设计者：蒂姆·汉德霍夫（约阿内高等专业学院工业设计系）

在**交通设计**中，手绘草图被称为速写，因此我们接下来重点要探讨一下速写阶段的任务。用于设计的速写，对于品质和多样性的要求都是非常高的，所以，在学习设计期间，速写通常是一门单独的课程。

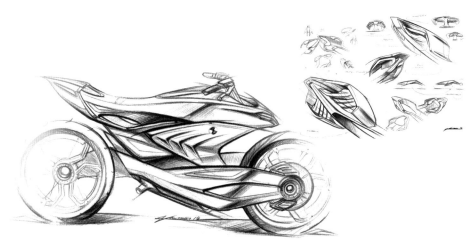

构思阶段的速写。绘制者：托马斯·范尼斯克

构思阶段的 Photoshop 渲染图。绘制者：托马斯·范尼斯克

构思阶段的宝马电动自行车的 Photoshop 渲染图，与宝马摩托车（BMW Motorrad）合作的研究生毕业设计。设计者：托马斯·范尼斯克（约阿内高等专业学院工业设计系）

最后，关于初步设计方案和可供选择的设计方案，我们最想说的一句话是：理想的解决方案可以是实用主义的经典方案，也可以是有创新发展的方法，还可以是能预见未来的想法。可见，公司有很大的选择自由。

公司愿意承担的风险主要取决于它的战略地位、市场形势和目标群体的行为。

美国明星设计师雷蒙德·洛威建议在这方面要遵循他的 MAYA 原则[1]：

Most
Advanced,
Yet
Acceptable!

（尽可能前卫，只要被接受！）

客户可以在设计规范或数据表的帮助下，与参与产品开发的所有部门协商，在几个不同的初步设计方案中做出选择。在仔细权衡了所有的方案之后，他们通常会从中选择一个，在特殊情况下也会选择两个，以便进一步改进。

---

① Loewy, Raymond: Hässlichkeit verkauft sich schlecht, Düsseldorf, 1992

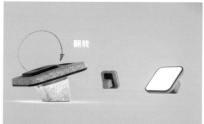

以手提灯为例说明**绘制图样**的方法

以用户需求为中心是 Umbra 手提灯的明确功能，在各种应用领域的灵活性使用使这款灯成为城市环境中一个独创产品。该灯可用于儿童房（提供直接或间接照明）、户外活动或作为客厅的吊灯。产品种类的不断增加使公司在消费领域的地位日益提升，吸引了一批批新的购买者

项目名称：与 XAL 合作的约阿内高等专业学院研究生毕业设计

设计者：弗洛里安·布兰伯格

指导教师：约翰内斯·舍尔（约阿内高等专业学院工业设计系）

绘制图样

目标：解决问题

我们现在已经到了设计过程的核心阶段——绘制图样。研究和分析阶段主要是一个逻辑思维的过程，而构思阶段需要理性思维与直觉和创造性的方法相结合。在绘制图样阶段，重点要更多地放在创意方面，因为这一阶段的任务是把粗略的设计方案绘制成图，力求做到精准而实用，而且还要考虑经济上的可行性。

在这一阶段的实施过程中会出现各种各样的问题，例如，构思阶段绘制的草图看起来还不错，却往往被证明是不可行的。该如何解决这些问题呢？

有三种可能的解决方法：

1. 试验和试错
2. 等待灵感
3. 有条理的问题解决方案

前两种方法是众所周知的，可以追溯到一个悠久的传统。然而，它们也有缺点，通常要花很多时间，而且不一定能成功。因此，在设计行业中一直困扰人们的一个问题是如何提高问题解决的成功率和减少解决问题的时间，于是人们想出了很多有条理地获得创意的方法，这些方法通常是团队合作的产物，主要是为了应对复杂的任务。

下面介绍三种简单的方法：

1. 经典式头脑风暴法

一种特殊形式的小组讨论，没有时间进行反思，目的是激发出创造性的想法。必须遵守以下规则：每个参与者都有权自由提出并表达自己的想法；每个人都应该把小组中提出的想法作为建议，进行延后评判；讨论中不允许发表批评意见，彻底防止出现一些扼杀性语句，诸如"这不会起作用""这样做花费太多""我们以前有过这样的想法"等。

以量求质，打破理性和逻辑局限。为了确保不错过任何一个想法，讨论中提出的各种设想都应该被立即写在大家都能看到的黑板上，或者最好是记录在墙报或牛皮纸上，这样就能把这些想法永久地保存下来，可作为日后提醒之用。

2. 破坏性—建设性头脑风暴法

在第一阶段，比如产品开发阶段，先通过头脑风暴的方法收集某一问题的所有弊端。在第二阶段，再开启一轮头脑风暴，为这些弊端寻求解决方案。这样做的优点是在很短的时间内对问题做出首轮决策，有利于对任务的重新设计。

3. 类比法

这是一种成功应用于开发阶段的方法，它需要自发性、想象力和即兴才能。此法的成功案例当属慕尼黑奥林匹克体育场自由悬挂的缆索网屋顶与蜘蛛网的明显类比，由此可见它的实际应用价值之大。这是仿生学[①]的一个案例，在自然界中寻找技术问题的潜在解决方案。通过分析确定它们的功能原理，并将其应用到相关问题中。下面再介绍一个仿生学领域的典型案例。

问题：开发一种具有下列特性的移动无线电天线。

・高 20 m

・非常轻（一人可携带）

・在很短的时间内可被安装和拆卸

・收缩后体积很小

难点：专家们无法摆脱望远镜原理，创造力受到抑制。解决办法是对这个问题加以综合考虑，并采用类比法——自然界中什么东西又长又细，但同时又非常敏捷？

蛇、变色龙的舌头、长颈鹿的脖子、猴子的尾巴……

他们选择了长颈鹿的脖子。

分析：通过参观自然历史博物馆，专家们对长颈鹿脖子的功能原理产生了新的认知。每一节椎骨都由肌肉和肌腱与上一节椎骨相连接，脖子如此灵活也是肌肉和肌腱的功劳。

移花接木的解决方案：柔性钢线（天线）穿过一个个中空的塑料圆柱体构成的椎体，一旦拉紧钢线，椎体就会变直并稳定下来。当张力释放时，天线可以自由移动，而且很容易卷起来。

这个案例也很适合用来说明解决问题的关键点应该放在哪里。即，

解决问题意味着　　从问题中彻底跳出来！

---

① Nachtigall, Werner/Blüchel, Kurt G.: Das große Buch der Bionik, Munich, 2003

首先，必须要对具体的问题加以概括，以便在完全不同的领域（"跳出问题"）寻找新的类比。一旦你发现了潜在的解决方案，就可以回到最初的问题，并检查这些方案是否适用于创新的方法。

由于解决问题的准备阶段涉及大量的分析工作，所以保持冷静和创造性并不那么容易。因此，最初自发的解决方案通常是相对传统的，最佳的做法是必须把这些自发的解决方案（每个人心中的想法）展示给大家。就像在头脑风暴中一样，每个想法都不能被"扼杀"，否则可能会阻碍进一步的发展。摆脱了最初的想法之后，你就能自由地完成接下来的工作。现在是时候从问题中跳出来了，这就是为什么你必须在两个完全不同的领域内做类比推理。例如，在自然界中寻求技术问题的解决方案，尽情放飞想象的翅膀。类比的过程同样不要使用"扼杀性的语句"，对每个想法都要足够重视，并对其进行讨论。

成功的经验表明，通过类比推理来寻找灵感并不需要用到某专业领域的知识，只要你的知识面够宽，再加上拥有足够的想象力和非传统思维，你就会获得成功。当然，专业知识在把想法变成现实的过程会起到非常重要的作用。

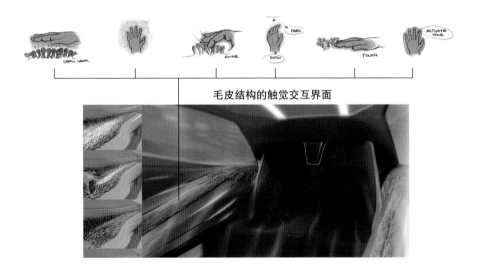

毛皮结构的触觉交互界面

仿生学（自然与科技）设计灵感

"我是宝马"是关于人机之间共生关系的一个项目，人与车辆的交互通过玻璃板下面一个直观的、呈毛皮结构的触觉交互界面进行，旨在强调机器的活力。随着时间的推移，用户和机器之间的关系也在不断加强，从而建立起必要的信任度和接受度，以实现完全的自动驾驶

项目名称："自动驾驶"，约阿内高等专业学院与宝马设计中心合作

设计者：简·恩哈特，詹妮·格布勒，劳拉·朗，玛丽安·马赛格（约阿内高等专业学院工业设计系）

指导教师：格哈德·弗里德里希，克里斯蒂安·鲍埃尔（宝马设计中心）；迈克尔·兰兹，马克·伊舍普，米尔托斯·奥利弗·昆图拉斯（约阿内高等专业学院工业设计系）

天线的例子清楚地说明了创造力的作用，简而言之，就是以一种全新的方式将熟悉的元素、原理或功能组合在一起。无线电天线的原理和长颈鹿的脖子一样为人熟知，但从来没有人以这种方式把两者结合起来！

因此，创新意味着横向思维，
就是将思路拓展到更宽广的领域。

从这个例子中我们还可以学到：一个人的经验、技能和知识越多样化，就越有可能找到创新的、非常规的解决方案。即使是最好的设计师，在面对某些问题时也会感到黔驴技穷。处理控制或操作复杂的设备之类高度专业化的问题时，专家可能会被请来帮助设计者。在天线这个例子中，也许需要人机工学专家或职业医师的参与。

在绘制图样阶段接近尾声之时，再次需要根据设计简报或设计规范对方案进行评估。可能还要咨询其他专家，以帮助内部团队检查方案设计是否满足了所有的要求。如果还有选择的余地，我们现在必须就一项建议达成一致意见。如果所有选项都无法满足规范的需求，我们将首先检查规范中是否包含了在既定情况下不可能满足的需求，并需要做出相应的修改。但是，如果问题出在绘制图样上，则必须采取新的办法，很有可能要返回到构思阶段重新开始。

只有在极少数情况下，设计过程才具有纯粹的直线型结构。混沌理论为我们提供了一些有科学依据的解释，这些解释曾被简单而恰当地描述为"混沌创新思维"。

表现方法：

在此值得一提的还有绘制图样阶段通常使用的**表现方法**。手绘草图（素描稿或效果图）在构思阶段最为常见，但在此阶段，除了比例规划图之外，还有**图解视图**、**爆炸图**和**透视图**。目前，3D CAD 软件主要用于完成这些任务。

利用蒸汽快速简便制作豆腐的家用电器爆炸图，在家里自制豆腐可以保证你想要的新鲜味道。

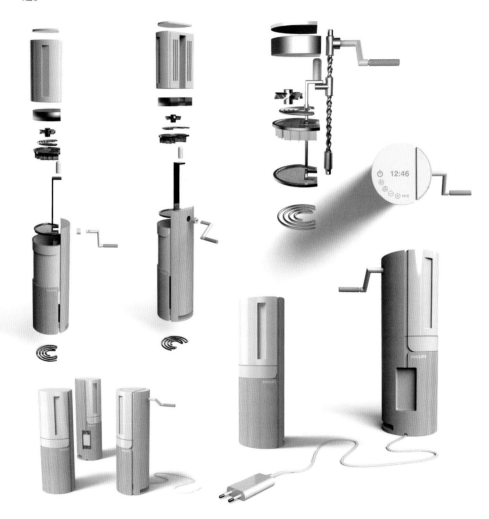

家用电器的 3D CAD 效果图展示

项目名称："蒸汽能锅"，约阿内高等专业学院与飞利浦公司合作
设计者：伊丽莎白·施密斯（约阿内高等专业学院工业设计系）
设计指导教师：约翰内斯·舍尔（约阿内高等专业学院工业设计系）
人机工学指导教师：马蒂亚斯·戈茨（约阿内高等专业学院工业设计系）

在光照的渲染下，**虚拟模型**呈现出逼真的效果。通过计算，可以实现复杂的阴影、反射光和折射光。这些虚拟模型可以植入合适的环境或动画中，省去了制作真实模型所耗费的大量时间。

交通设计中逼真的虚拟模型

借助于对色彩和材料的选择，汽车工业提供了根据自身需要组装产品的可能性，这就是人们常说的"个性化产品"。根据预先确定的元素对汽车外部和内部进行设计，以满足客户的愿望。利用某些软件制作出的虚拟模型能提供逼真的效果图

项目名称：与 Smart 合作的约阿内高等专业学院工业设计系研究生毕业设计
设计者：迈克尔·帕彻
指导教师：乔治·瓦格纳（约阿内高等专业学院工业设计系）

在实践中总结出来的几点经验。CAD 在构思阶段的作用相对较小，因为手绘的速度更快。此外，CAD 需要精确的数据，这一点对建造者可能不是难事，但设计师的工作更像是雕塑家，需要经历由"粗糙"到"精细"的过程。在构思阶段之后，计算机的重要性会不断增强，否则，优化阶段的快速成型几乎是不可能完成的。

CAD 是一种非常有价值的工具，用它制作出的虚拟模型使各种不同的选择和模拟更容易实现，通常会缩短客户的决策时间。但是，计算机仍然不能取代的是人类的敏感性和创造性。

如今，在绘制图样阶段除了采用平面表现手法之外，比例模型、设计模型、功能模型和人机工学模型等 3D 模型的使用频率也在逐渐增加。与产品尺寸等大的模型当然是最好的，但对于大型产品而言，这样做是不可行的，因为投入的时间太长，成本太高。因此，较小规模的模型或高品质的计算机渲染图才是可接受的解决方案。设计模型（通常也称为实物模型）看起来像成品，但却无法使用。设计模型的一个优点是可以被拍照后放入早期为客户提供的宣传册里。另外，不必考虑设计因素而做出的功能模型能用来检查出技术细节是否正常工作（比如卡扣装置）。同样，人机工学模型可以测试控制器的操作或手柄的触感。

利用某些软件制作出的虚拟模型能提供逼真的图像，环境可以通过图像剪辑来填补，反射表面的反射光可以利用计算模拟出来

开发和优化

目标：方案实施

在这一阶段，图纸将根据建筑、制造技术和材料等方面的要求继续进行检查和优化。因此，设计师同样需要具备这些领域的基本技能，这样才能与专家一起找到成功的解决方案。

前一阶段的工作在创造力方面提出了相当大的挑战，而最后阶段的工作则再次回归到逻辑和理性，因为设计师要与施工人员一起制订细节，对图纸进行整体优化，这不仅仅涉及设计方面的问题，还要涉及技术和财务方面的问题。方案实施前一定要对建造、选材和制造技术等方面做最后的检查，确保一切都万无一失。

为了最大限度地提高成本效益，**价值分析**之类的方法也是可取的。这种系统化的考核是日本企业降低成本的常用手段，但在其他国家仍很少使用。因此，在设计从开发到生产的过程中，工程师和设计师之间需要密切的沟通。

表现方法基本上如上文所述，同样还包括一些模型制作工艺。考虑到必要的修改或优化，设计模型（也称为实物模型或展示模型）要等到最终的形式确立下来之后，再开始制作。造型水准一定要达到最高的程度，因为模型是对产品外观的完美呈现，同时，还要被拍摄成照片，放入产品宣传册中。模型制作是一项复杂的工作，多数情况下需要专业建模师的参与。

所有的规范经审核合格后，准备阶段才算告一段落，下一步的任务是等待对生产文件的审批，这些文件包括由开发施工人员用 CAD 制作后生成的精确的施工图、详细的效果图和装配图，并已被设计师仔细核查过。

通常情况下，很小的改动也会对设计产生重大的影响，这个问题不可低估。

到目前为止，设计上的问题都解决之后，设计流程终于进入到最后一个环节，就是开始制作一个或多个产品原型。原型要忠实展示产品功能，我们在 P130 中看到的原型车已经很接近真实的车辆，只是这台原型车不能批量生产。

快速原型设计是使用各种技术构造出与产品一样大小的模型的方法。光固化成型是应用最广泛的成型技术，是 CAD 与计算机辅助制造（CAM）的完美结合。用激光聚焦到光固化材料表面，使之在短时间内凝固，即使是形状复杂的物体，也可以通过这种技术获得塑料模型。

在随后的**原型测试**中，要对所有功能进行检测，继而对生产文件做优化处理，并重新核算预估成本。

以上工作全部完成后，管理层就要决定产品是否可以投入生产。一般来说，确定生产所需的装备是一个耗时的过程，而且需要投入较多的资本。

下一步是检查使用新设备生产的第一个试点样品。在这一步，最后的错误应该在产品批量生产之前得以检测出并加以纠正。

对这一阶段的描述清楚地表明，设计师一定要全程参与产品开发，当然也包括试产件的生产过程。否则，最后的差错也许会使前期精心制作的设计方案毁于一旦，或者使其承担一定的风险。

在准备生产时，市场启动和销售所需的文档、用户手册、宣传册和公关材料也要同步进行归档和制作。现在，设计正式进入**生产阶段**。

以一台混合动力设备装载车为例诠释**优化**和**细化设计**。这台以农用为主的运输车的车体能够与不同的附件对接，各部件的功能包括割草、除雪、救火等。

左图所示的第一代设备装载车的设计和技术都是依照设计流程一步步综合发展而成的。在上图中，我们看到的设计草图是 3D 可视化的，而在下图中，我们看到的设计展示模型是在高质量的 CAD 模型的基础上，用众多的 3D 打印零件创建出来的。

受"街车"的启发，在设计过程的最后，设计者开发了三个拉深件，它们通过一个空间管状框架连接起来。所有其他机器部件，如电池、控制器等，都安装在标准化设计的无盖黑匣子中

设计目标是利用尽可能少的附件实现产品形象和功能的最优化。侧面的包覆部分形成了车体的视觉中心，充分显示了这台 HYMOG 车辆的身份可识别性

项目名称："PTH HYMOG"
客户：奥地利诺伊贝格 PTH 工程机械公司
设计者：约翰内斯·舍尔

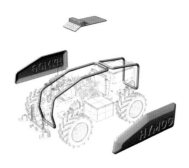
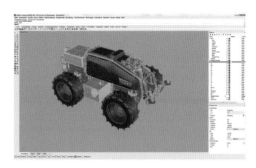

在 CAD 制作的效果图中，不锈钢框架像一个夹锁一样将整个车身套住，赋予 HYMOG 以高品质和强健性。大功率的 LED 灯装在了车的顶部

新型设备装载车的原型已经在除雪、灭火等各种应用场景中进行了广泛的测试，只有在与所有的附件成功对接使用无误后，才可以进行系列化生产

景观维护是 HYMOG 的一个重要应用领域。它的车轮由电力驱动，部件由内燃机提供动力。可以通过无线电遥控或自主运行元件（类似于割草机器人）实现对车辆各部件的控制

设计过程成功的要素

在"设计过程解析"这一章接近尾声之际，我们想讲一讲自由设计师和独立设计工作室在与大公司合作过程中的一些经验之谈。

公司规模

如今，我们都知道，在大公司内部会设有设计部门，而对于中小型企业而言，只有在以设计为主业的公司里才会有单独的设计部门。即使是拥有自己的设计部门的公司也经常会聘请自由设计师来做产品开发工作，一方面是为了获取更多的解决方案，另一方面是为了消解公司对自身缺陷的认识不足。

中小型企业常常认为自己太小了，无法与设计师合作。举个例子，粗略地看一下一个以产业为导向的部门就会发现，他们把所有的精力都投入到了工程领域，生产的产品的外观保守且缺乏想象力，毫无创新可言。他们投入在产品开发上的巨大努力并不能在产品设计上体现出来，人们根本看不到他们所做的创新，因此，产品所具备的创新优势就这样被不假思索地抛弃了。考虑到当今的竞争形势，即使是再小的公司也不能再这样发展了。

在这方面取得的经验可以总结如下：中小型企业通常更善于与自由设计师进行有效的合作，因为这些企业比许多大型企业集团更容易管理，且更灵活、有更明确的决策权。

公司类型

如果把制造商分为消费品制造商和资本货物制造商两种类型，你会发现第一种类型的制造商更偏重于与设计师的长期合作。

其实，在资本货物领域，向设计师咨询更为重要。许多公司认为，产品所具有的尖端技术已经有足够强的竞争力了，还有必要在产品的设计上投入更多吗？人们会更关注产品可见的还是不可见的东西呢？我们想特别强调的是，设计的任务是使产品内在的品质在外表上显现出来。在贸易展销会或客户介绍会上，产品语言通常能起到决定性的作用，因为它能传达出产品的质量。

选择设计师

在设计师的选择上，公司应该仔细核查以下几个问题：设计师的个人背景是否符合项目的要求？他是否具有相关产品的设计经验？他是否了解此类产品的目标受众？假如这位设计师是一名新手，他能否想出更好的点子，为产品注入新的活力？

与设计师的远程无障碍合作可行吗？电话、传真和电子邮件能保证沟通的便捷性，但不能完全取代面对面的讨论。聘请本地的设计师是最佳选择，因为他可以在复杂的优化或纠错等过程中随时亲临现场。

对于想要合作的设计公司规模的选择取决于项目和合作类型，还有你们是否志趣相投。项目越复杂，与各部门积极配合的能力就越重要。团队要在相互信任的基础上营造出良好的工作氛围，这样才有望取得最佳的结果。矫揉造作或装腔作势的行为完全不合时宜。

对于任务艰巨的项目，选择设计师的方法只有一个，就是搞一次设计竞赛。邀请几位设计师分别拿出同一项目的设计方案，最后以相同的主题和费用，每个人制作出一份精确的设计简报。这样做能拓宽解决方案的思路，同时也意味着要花费更多的时间和精力。比赛的优胜者通常会承揽这个项目的设计工作。

选择设计师的最后一条建议：如果一家公司以前从未与设计师合作过，那么它应该选择一位有相当多实践经验的设计师，这样就可以把设计过程中失败的风险降到最低。当然，对于经常与设计师合作的公司而言，也许一位没有实践经验的设计师会带来更多的奇思妙想，从而开辟出一条新路。

开始合作

经常犯的第一个错误是工程决策已经确定了产品开发的形式，设计人员才开始参与其中，这未免太晚了。这样做要么使设计沦为装点门面，要么会导致将一切推倒重来，这样的变革反过来又会导致工程延误、开支增加，工程师也会倍感沮丧。要想让设计发挥作用，就必须保证设计与相关的开发步骤具备有效的协调性，所以，设计师必须尽早地参与到产品开发过程中。在理想的情况下，技术方案和设计方案应该相互激励。

在合作的开始阶段经常犯的第二个错误是没有简报，或者简报、设计规范、数据表以及需求列表内容不充分，要知道一份各部门通力合作完成的简报是保证设计过程成功的坚实基础。另外，任务的设定不应该太狭隘，否则，新的想法可能从一开始就被排除在外。此外，任务应该足够精确，不要建空中楼阁。可以先从粗略的设计规范开始，再逐渐添加更细致的要点。对一项任务和所涉及的问题分析讨论得越全面、越密集，整个开发过程就越紧凑。与以产品为导向的营销策略、目标受众问题和产品制造问题一样，拥有共同的目标也是合作的重要前提，因此，设计师必须从一开始就参与其中。

设计服务

在选择设计师时，你要面临权衡各种报价的任务。在大多数情况下，这项任务将围绕产品设计展开，但大型设计公司提供的服务可能从市场调研到原型设计不等。一旦做出决定，设计服务就必须与开发过程和公司各个部门仔细协调，确定设计过程只是对现有产品进行重新设计，还是开发全新的产品。

是否需要相关的人机工学研究？是否需要拿出建设性的设计方案？是否要与他人合作设计？一个带有后续优化的设计研究是否足够？设计研究必须被拆分成单独的开发步骤吗？这些问题都需要慎重考虑。

另外，还必须事先谈好关于模型制作的服务。需要制作什么比例的模型？模型要有功能性抑或只是一个设计模型？设计服务包括模型制作吗？或者全部外包？或者由公司自己承担一部分模型制作的任务？

因此，在报价中应该包含针对有关任务所需服务的准确描述。

设计费

按业绩兑现分批付款和最终结算通常是有区别的，前者包括统一费率（特别适用于最初提供创意的服务，如设计研究）和按小时或按天收费（主要用于范围难以估计的优化阶段）。

按业绩付款通常是指在工厂交货价的基础上按每单位收费。有时，上述费用与统一费率合并使用，比如单位费用。按照以往的经验，设计在产品营业额中所占的份额越高，就越有可能根据与成功相关的费用来支付（像所有对审美要求很高的产品）。工程在开发工作中所占的份额越大，就越少收取与成功相关的费用（像资本货物）。

按业绩兑现分批付款和最终结算的结合是实践中最可行的一种支付方式，因为它确保了项目后续支持的高积极性和连续性。还要记住的一点是，差旅、模特雇佣、照片拍摄等费用在签订协议时也要写清楚由谁来支付。

偶尔也会有这样的情况发生：先提供设计服务，再根据客户的满意度来支付费用。这种做法有太多的不确定性，专业设计师既不提供也不接受。

相对于总开发成本而言，设计成本可以说是相对较低的。然而，作为产品质量的一个决定因素，设计的重要性日益凸显，设计的成本在不断提高，竞争也因此变得更加激烈。在成功的产品开发中，设计是一个成本因素，就像市场营销或建造一样，必须进行预算。

除了必要的硬件部分（家用电脑、笔记本电脑、绘图用平板电脑等）之外，工业设计工作站还包括大量按小时收费的软件包

基本条件

为了确保产品设计过程的顺利进行，还需要考虑哪些因素？

以下是一些从实际经验中获得的小窍门。

设计需要一流的管理！它不是后期的粉饰门面，而是一种战略工具。

团队合作精神

开发团队必须具有综合性，重要的设计会议需要销售、开发、生产、管理等所有相关领域专家的参与。当众多员工频繁聚在一起开会时，员工成本有时会显得相对较高，但这是值得的！首先，从项目一开始就能保证项目的高认同度。其次，只有这样才能有效地协调各个开发步骤。例如，如果负责服务的员工没有参与任务设定或简报制作，而且直到最后阶段才参与到开发中来，那么他将会发现服务问题没有得到最佳的解决，由此产生挫败感。因此，只有将该部门及时纳入开发过程中才可以避免昂贵的修改费用的产生，工作氛围才会更融洽。

团队中的创新解决方案

自由设计师刚开始为一家公司工作时，会在某种程度上觉得自己是局外人，因为他们自然不可能拥有所有想要的背景信息。在这种情况下，团队之间所建立起的相互信任关系和对共同目标的追求就显得尤为重要。

设计师想要创作出有创意的作品，他们就必须借鉴产品开发专家的经验和专业知识。设计师的傲慢和自以为是的态度与专家们遇事喜欢横加阻挠的态度一样，都是不合适的。我们不能忘记，设计师是一个跨学科的多面手，公司必须提供给他们所有与项目相关的信息。只有这样，才能保证设计中的所有产品决定因素都是相互关联的（设计师要承诺不泄露任何商业秘密）。作为创意方面的专家，设计师应该被给予必要的自由。只有拥有足够的创意空间，才能找到创新的解决方案。设计师要具备和跨学科开发团队（包括项目经理和研发经理）之间自由沟通的能力，因为设计师的任务主要体现在设计管理方面，包括所有相关的协调和信息处理事务。高效设计管理的决定性因素当然是参与企业管理。

设计不是临时抱佛脚，而应该成为企业战略的重要组成部分，要具有持续性！

通过参与式设计寻求以用户为中心的解决方案

如欲建立以用户为中心的解决方案，首先需要了解目标用户。通过用户洞察，可以了解他们需要什么？现有的方案有什么样的痛点？参与式设计进一步将利益相关者转变为产品开发过程的参与者，从而使他们的想法为改进产品所用。这种参与式设计过程的目的是测试现有的假设，以优化设计和用户过程，并与用户一起开发出新的假设，再共同测试其意义。参与式设计的一种方法是组织共同创作研讨会，由用户、设计师、可用性专家和设计研究人员参与。通过模拟不同的使用情况，识别存在的问题，同时由参与者共同开发出新的解决方案，然后在研讨会上借助简单的原型进行评估。很重要的一点是，研讨会要在一个特殊的场景中进行，专业人士是这个研讨会的重要主持者。

特殊的场景是指用简化的道具来模拟产品使用时的场景，以营造出一种电影或舞台般的氛围。这样做有助于用户以更有趣的方式想出问题的解决方案，并不假思索地即兴说出自己的想法。

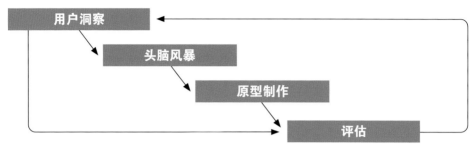

一张日研讨会的流程图，图中所示的步骤可以在一天内多次重复

西门子 SOMATOM go.Up CT 平台的开发可谓是成功的共同创作过程的优秀案例。来自大略商务咨询有限公司和西门子医疗系统有限公司的设计师、研究人员与可用性专家花了几个月时间开发新的硬件和软件，并创建了计算机断层扫描平台的智能操作概念。这一进程的一个基本部分是在不同国家举办若干场为期一天的共同创作研讨会，参会人员为医学技术放射学助理（MTRA），因为他们的工作都离不开这类系统。通过用户的参与，以及对硬件和软件的优化，可以显著改善整个系统的操作流程和工作流程。

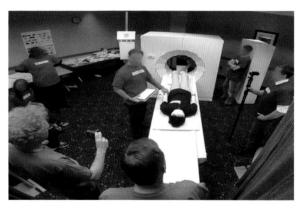

西门子 SOMATOM go.Up CT 平台共同创作研讨会。在美国达拉斯举办的研讨会现场包括实物模型、参与者和主持人

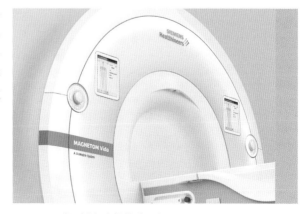

可通过平板电脑操作的西门子 MAGNETOM Vida

交通设计的设计过程

在接下来的内容中，我们会对交通设计的既定设计流程做具体讲解。下面要展示的这个项目是研究生毕业设计，以自动驾驶为主题，与宝马设计中心合作研发完成。大家会看到设计研究的完善过程和一个展示模型，所使用的设计方法和模型构建技术需要专门的工具和机器。许多草图是在交互式图形板上完成的，胶带图是借助于胶带制作的效果图，还制作了一个油泥模型。在油泥模型数字化过程中，使用了 3D 扫描仪和专用软件。在修正后的虚拟 3D 模型基础上，利用数控铣床和 3D 打印技术创建了真实的 3D 设计模型。下面的概述展示了各个工作步骤和使用的工作方法。

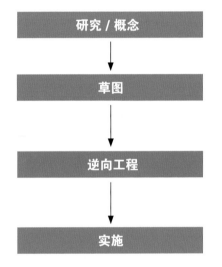

研发出车辆的大致比例和功能
　　方法：总布置图展示、座椅箱、概念草图、头脑风暴、研讨会等。

利用手绘草图、效果图、胶带图和油泥模型设计车的造型
　　方法：草图、胶带图、油泥模型、效果图等。

利用 3D 扫描把实体油泥模型转化为虚拟模型
　　方法：扫描油泥模型、编辑扫描数据、为内部和外部创建新的 CAD 模型。

从虚拟 CAD 模型到实体展示模型
　　方法：最后，利用数控铣床或 3D 打印机，制作出模型的各个部件，再通过手工精加工（打磨、打底和喷漆）拼装出一个真实比例的模型。

研究 / 概念

草图

逆向工程

实施

虚拟 CAD 模型

实体展示模型

宝马 xBASE ——自动驾驶 2030

约阿内高等专业学院与宝马设计中心合作项目

外部设计者：本杰明·卢安热，让－马克·威尔肯斯（约阿内高等专业学院）

内部设计者：克拉拉·费斯勒尔，路易斯·梅克斯纳（约阿内高等专业学院）

指导教师：格哈德·弗里德里希，克里斯蒂安·鲍埃尔（宝马设计中心）；迈克尔·兰兹，马克·伊舍普，米尔托斯·奥利弗·昆图拉斯（约阿内高等专业学院工业设计系）

模型制作：沃尔特·拉赫，彼得鲁斯·加特勒，米尔托斯·奥利弗·昆图拉斯（约阿内高等专业学院）

主题

自动驾驶对宝马和其他汽车制造商来说都是一个重要的课题，对车辆的独立控制将极大地改变汽车的内部设计，因为乘客的需求和自由空间将发生巨大的变化。因此，下面这个问题对宝马来说很关键：宝马的品牌价值如何在自动驾驶汽车的内部和外部得到体现？

汽车的概念

宝马 xBASE 是运动的理想伴侣。车的设计满足了多种运动的需求，如山地自行车运动、登山或冲浪。这款车能帮助用户实施自己的计划，带他到理想的出发点，提供假日休闲的机会，并在旅行结束地接上他。外部设计的多功能性方便运输各种运动器材，这使得紧凑型的宝马 xBASE 非常适合在城市使用。

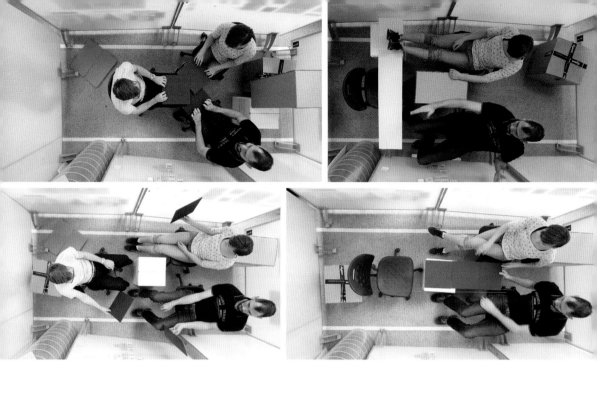

总布置图

　　总布置图是交通设计中常见的一种表现形式。汽车上最重要的部件以及车上的人都在图里可见，其目的是利用视图（侧视图、剖面图、俯视图）来捕捉车辆的比例，先要保证发动机、油箱／电池、底盘等各个部件的位置大致协调。在这个设计中，轴距非常宽，以容纳额外的设备（如自行车）。

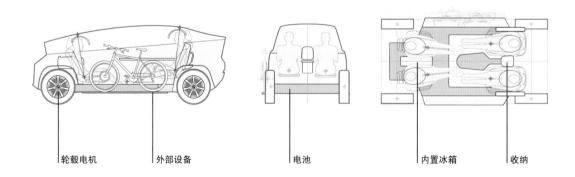

轮毂电机　　　　外部设备　　　　　电池　　　　　内置冰箱　　　收纳

主效果图

概念草图

在构思阶段，可以使用不同的技术绘制出大量不同类型的草图，包括从纸上的手绘图到使用交互式图形板（Wacom 数位板系统）数字生成的效果图。与手绘效果图相比，数字效果图提供了多层渲染的可能性，每一条线和每一种色调都可以编辑得完美无缺。在操作过程中，可以利用"撤销功能"来抹掉已经画上去的笔触。在这一阶段的最后，能明显体现出设计意图的理想草图出现了，并成为后续设计阶段的基础。

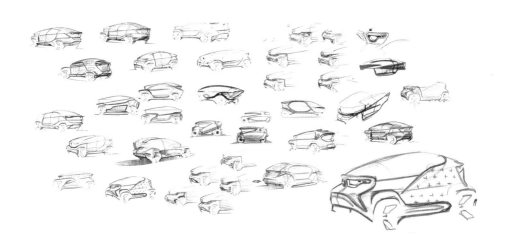

胶带图

依据构思阶段筛选出的最理想的草图贴出胶带图（侧视图、前视图、后视图和顶视图），作为制作油泥模型的基础。通常情况下，最先贴出的汽车胶带图和真车的比例应该为1∶4或1∶5，摩托车为1∶3。然而，在汽车行业，人们往往会直接选择1∶1的比例。这种使用优质胶带画图的表现技法允许在层层粘贴的过程中反复修正和改进。第一层总是先贴出总布置图，其中最重要的组件（比如发动机、油箱／电池、底盘）以及司乘人员都要按预先的构想表现出来。第二层贴出外形线条、阴影或反射面，使胶带图呈现出立体效果。

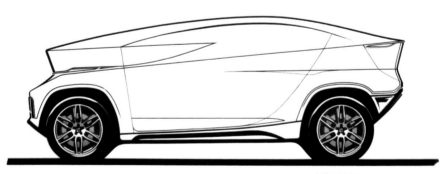

胶带图侧视图

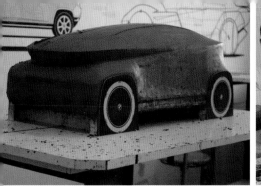

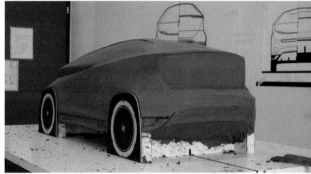

油泥模型

　　制作油泥模型是交通设计中主要的塑型技术之一。油泥是一种工业材料，在加热箱中加热到大约56℃后，材料就软化可用了，而且在室温下尺寸稳定，可以被一层层地涂在硬质泡沫塑料（聚氨酯）上。成型后的细节需要用刮刀、钢板或金属刀片刮削后才能完成。在油泥模型中起装饰作用的图片和一些临时添加的细节用揭下来的胶带粘上即可。

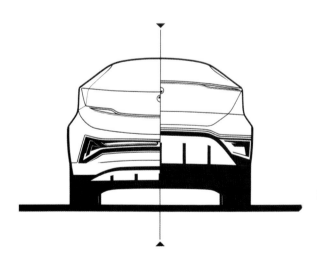

胶带图前视图（左）和后视图（右）

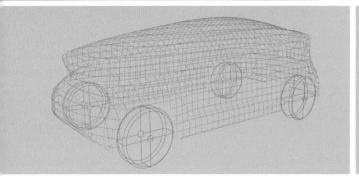
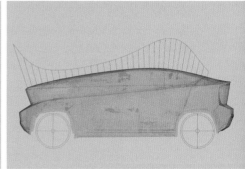

扫描油泥模型

完成后的油泥模型是创建表面数据的基础，首先通过使用非接触扫描系统（立体摄影测量系统或激光扫描仪）对模型进行扫描，得到创建虚拟模型的点云。为了建立起 3D 虚拟模型，这些原始数据会被转换成一个多边形模型。为了更好地定位，用电脑制作了一组剖面图和三个 3D 模型图，对 3D 模型图表面的后续分析被称为"逆向工程"。

编辑 CAD 扫描数据

为了生成曲面，在对称平面和特殊平面及边缘上绘制引导曲线。通过观察与扫描数据的偏差，逐步将曲线网格调整到与扫描数据近似。根据设计方案和技术要求对曲率进行优化，确定最大和最小半径或特殊区域特点（如侧窗圆柱面区域）。由于设计中可变因素的存在，在油泥模型、3D 扫描和逆向工程之间引入了反馈环，使得设计开发成为一个迭代的过程。此时，设计方案通常可以按全尺寸模型发布。

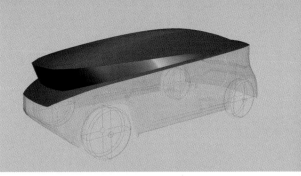

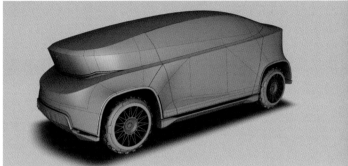

创建 CAD 模型

创建合适的曲线和曲面需要大量的技术、创造性的理解能力和经验，其目的是利用控制点较少的 NURBS 几何图形（自由造型曲面数据），根据设计和技术规范选择曲面结构的划分。"车身 A 级曲面模型"一词已经在汽车行业确立了自己的地位，但这方面还没有标准化的准则。然而，这种曲面结构的一些特性值得被推广，比如，尽可能低的阶数，曲面片全凸起，由互相连续的曲面片构成等。

另外一个选择就是创建多边形模型，而不是曲面模型，这要取决于稍后使用数据的目的或项目的阶段进展情况[1]。

数控机床铣削

曲面模型是全尺寸设计模型的基础。首先，将数据读入 CAM 程序，然后对机床进行编程，选择适当的铣削方法和刀具。同时还要对填充到框架结构中的聚氨酯进行加工。模拟测试时要检查铣削过程的表面质量、碰撞和效率。制作设计模型与批量生产相比，实际铣削耗时并不重要，人们更看重编程所需的时间，因为在大多数情况下，这一阶段只需生产出一个产品的工件。

① Bonitz, Peter: Freiformflähen in der rechnerunterstützten Karosseriekonstruktion und im Industriedesign, Verlag Springer, Berlin/Heidelberg, 2009

3D 打印

铣削模型制作中所需的一些零件可以通过生产过程获得，这些过程就是将材料分层制造，通常包括粉末床、激光烧结、立体光刻或细丝加工。它们的共同点是无须受制于模具或工具，因此塑型不受限制。这些过程使得用透明、弹性塑料或金属制造零件成为可能。

表面光顺度处理

为了获得具有代表性的设计模型，所创建的零件及其表面必须要再经过手工处理方可完成。表面光顺度处理通常包括三个步骤：砂纸打磨、做底漆 / 填补缺陷和喷漆。先制作出模型的框架，再单独加工出零件，只有将零件和框架组合在一起后，最终的模型才算完成。

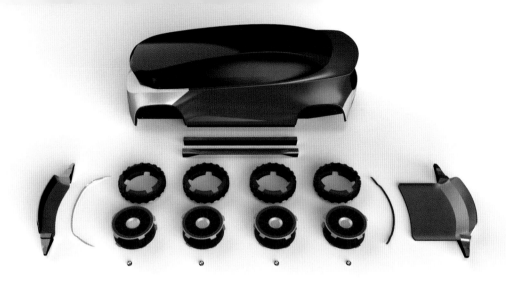

模型 M 1 : 5，零件（上），
前视图（中），后视图（下）

设计习作展示

案例研究

绪论

本章的设计习作均为学生的设计实践，我们选取的是格拉茨约阿内高等专业学院工业设计系的部分本科生和研究生的毕业设计。

我们选用工业设计系的实践项目和毕业设计作为案例来研究，有如下优势。

这些作品不受任何保密条例的制约，因此可以深入了解本科生和研究生的设计过程和研发工作。作为简报的一部分，这项作品是为扩展视野而设计的，一般可展望未来5~15年的趋势。大多数案例与实践密切相关，因为它们是与合作伙伴共同完成的。学生们的设计主要由指导教师监督，这些教师除了在大学里教书外，还经营着自己的设计公司。通常情况下，合作伙伴也提供人员支持，设计部门的员工会从实践和创业的角度来支持师生的设计工作。

案例研究1：
宝马高效航行系列之快艇
以2025年宝马旗下的快艇为例，诠释设计和出行概念

案例研究 1：
宝马高效航行系列之快艇

约阿内高等专业学院与宝马设计中心合作的研究生毕业设计

设计者：汉斯·施特恩（约阿内高等专业学院工业设计系）

指导教师：格哈德·弗里德里希，费利克斯·斯托达赫（宝马设计中心）；于尔根·豪斯曼（约阿内高等专业学院工业设计系）

引言

目前的价值转变是宝马等出行设备供应商面临的主要挑战。为了应对"用车比率下降"的趋势，即从自有汽车转向简单、多样的出行解决方案，各家公司都需要想出新的应对措施。凭借其子品牌宝马 i，宝马已经将自己定位为可替代出行概念的先驱者。然而，对未来的用户来说，创新已经成为理所当然的事情，他们必须通过新产品和新价值在情感上与宝马品牌绑定在一起。

这一项目的是在水上运动领域设计一个"基于赛事"的出行概念。典型的宝马品牌价值将通过这些赛事传递，并与客户建立联系。通过宝马高效航行策略，使数字内容和真实内容相融合，生成一种全新的"宝马体验"，以此引发已有的和未来的目标群体的关注。新的出行概念会对高效、动力和驾驶经验等宝马特有的品牌价值给予特别的考虑，宝马的形式语言将扩展至水上运动。"增强现实"和"高效"两个词的融合意味着所提供的赛事既可以获得水上运动项目的体验，也可以通过社交网络和新技术去被动地体验。

形式语言中的模拟和结论

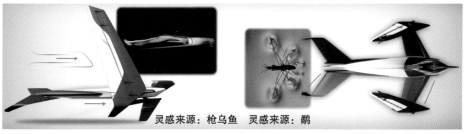

灵感来源：枪乌鱼　　灵感来源：鹬

未来情景设想和关键因素

该研究涉及对未来的大趋势、价值的预期变化和 2025 年世界的分析，重点是技术和人口变化以及出行行业的进一步发展，同时给予可持续性方面特别的关注。利益、舒适、安全、高效、附加值、体验等重要的客户因素依然会主导服务提供商在出行行业的发展前景。

未来发展

为了符合发展的大趋势，我们一定要特别关注出行概念的两个方面：一是"用车比率下降"的趋势，即从自有汽车转向简单、多样的出行解决方案；二是共享汽车概念，因为一辆私家车平均每天的使用时间只有一小时。

用车比率下降

汽车作为消费品或奢侈品的理念已经过时了。共享出行设备，分摊出行成本，一辆共享汽车能取代 15 辆私家车。据估计，到 2025 年，仅欧洲的共享汽车用户数量就将超过 1500 万。

价值转变

拥有一辆私家车不再是身份的象征：对于 30 岁以下的人来说，车不再是必须拥有的前十大商品之一。如果你自己不买车，汽车品牌价值就得不到体现，这一事实进一步强化了这种趋势。如果一个人只关注如何才能从 A 点到 B 点，那么他与交通工具之间的情感联系也就几乎荡然无存了。

在未来，汽车行业将越来越多地与一种新的（非）买方群体引发的反趋势相抗衡，即用车比率下降的趋势

目标受众

2025 年的目标受众包含了 1995—2007 年出生的人群，也就是要对 18~30 岁之间的人群进行分析，他们主要对创新媒体和传播手段感兴趣。聊天、电子邮件和社交媒体提供了随时交流和报告个人"行踪"的可能性。为了吸引新的目标群体，包括宝马在内的一些高端制造商正越来越多地投资于小型车。哪些出行概念能吸引到汽车之外的目标群体？主要是基于赛事的车辆，如各种赛车。然而，也可以开发与公司历史相关的领域，比如帆船、飞机、摩托车等，招揽目标群体的方式还有很多。

问题分析

下面的两个大致的发展状况能推导出核心问题所在：

如果宝马汽车品牌不再能从情感上打动用户，它怎么还能有吸引力呢？

用户在未来应该如何看待宝马品牌？

高效的动力

安全与保障
智能能源管理
技术创新，
创新驱动技术

联网驾驶

动感
车内**互联网接入**和
信息娱乐就像在家一样，
更舒适的驾驶和车辆操控

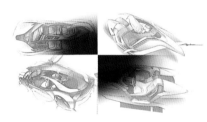

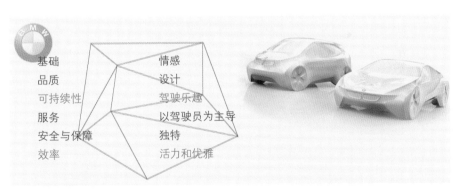

基础
品质
可持续性
服务
安全与保障
效率

情感
设计
驾驶乐趣
以驾驶员为主导
独特
活力和优雅

宝马品牌价值分析揭示了最基本的价值，如可持续性、驾驶乐趣、效率、活力和优雅。

产生的问题如下：

什么是高效、可持续、运动和传递独特感觉的驾驶体验？
"宝马体验"……

水上运动概念

"宝马体验"应该是高效、可持续和敏捷的，但同时也要传递出独特的驾驶体验。这些体验应该会形成和影响人们对品牌的选择，以使品牌在出行行业激烈的竞争中处于不败之地。作为"宝马体验"的一部分，宝马的概念车将出现在几个宝马赛事或场景营销中，这将准确传达宝马未来的价值观。经过进一步的研究，一款水上运动车应运而生。作为宝马的"品牌塑造者"，这款车特别具有说服力，原因如下：

水上运动是可持续、高效和促进新技术发展的

水上运动是安全的：事故和受伤的风险很低

新型互联网方式：增强现实技术得以大规模应用的地方

无须花高价即可跻身高端市场

在德国北部、法国、斯堪的纳维亚，水上运动绝非精英专属

宝马在这一领域已经很活跃了，比如宝马甲骨文号（BMW Oracle）

场景营销

场景营销的目的是在社交网络上引发目标群体的关注。在基尔周（Kieler Woche）、美洲杯或类似的赛事中，人们会亲临"宝马体验"活动，帆船赛期间宝马概念车也会迎来试驾或观摩。这种体验在网络上被分享和重温，宝马品牌的价值得以传递，关注度得以提升（"共享宝马生活方式"），因此，人们可能会去购买宝马汽车或选择宝马的 DriveNow 共享出行业务（"共享宝马汽车"）。

"宝马体验"的使用场景

在社交网络引发关注

去观看"宝马体验"
承办的赛事

为了特别吸引目标群体，场景营销利用了网络亲和力。一方面，它是一种网络化的载体，顺应了直播或"让我们来玩视频"的潮流。另一方面，这种"体验"可以在社交环境下去虚拟体验，也可以在现实中去真实体验。"游戏化"的想法是基于一个可行的世界范围内的业余比赛而考虑的。借助在线平台，用户可以与其他用户进行经验比较和分享。

情绪板

在"宝马体验"的第一个形式方法中，创建了两个情绪板，将"航空"和"汽车"两个主题放在一个动态的拼贴式情绪板中。

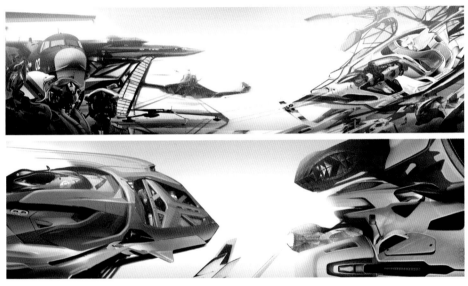

"航空"情绪板（上）和"汽车"情绪板（下）

试驾或观摩所提供的概念车

"共享宝马生活方式"

在网络上分享"体验"，如果必要，
还可以感受虚拟"体验"

"共享宝马汽车"

传递和灌输品牌价值观：
购买宝马汽车或选择宝马的
DriveNow 共享出行业务

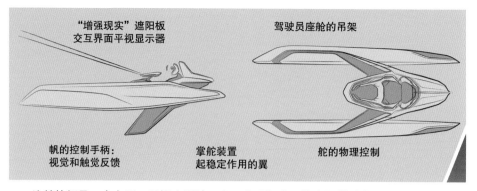

"增强现实"遮阳板
交互界面平视显示器

驾驶员座舱的吊架

帆的控制手柄：
视觉和触觉反馈

掌舵装置
起稳定作用的翼

舵的物理控制

这艘快艇是一个交通工具概念设计，由一个硬帆或风筝来提供动力，因此特别容易操纵，而且即使在低风速的情况下也能提供足够的推力。

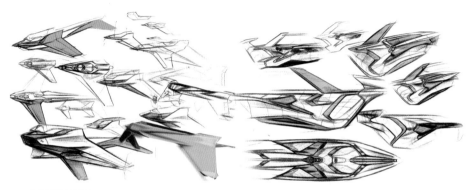

内部设计草图

外部设计草图

内部设计

关于快艇内部设计的文案在宝马设计部完成后，符合宝马设计语言的内部设计也同时完成。升降舵由脚踏板和控制杆来控制，监视器可监控其运行情况。

爆炸图和技术参数

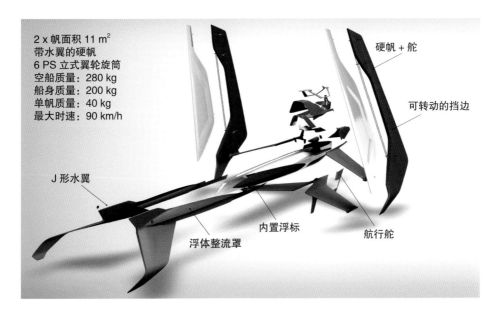

2 x 帆面积 11 m²
带水翼的硬帆
6 PS 立式翼轮旋筒
空船质量：280 kg
船身质量：200 kg
单帆质量：40 kg
最大时速：90 km/h

硬帆 + 舵

可转动的挡边

J 形水翼

内置浮标

浮体整流罩

航行舵

现实和虚拟使用

驾驶员需要的数字内容通过一种平视显示器回放到现实中，以增强和支持他的驾驶体验。这种数字化形式的体验可以与现实中的"红牛竞速飞行赛"（Redbull Airrace）和塔架游乐设施相媲美。乘客位置、最佳航线、风窗等附加显示支持"游戏化"理念。

专门设计的界面方案与"高效"这一主题相得益彰，因为没有哪一种运动能比帆船运动更讲究效率。通过指令实现界面的可视化，界面上还配有指南针。连续的几何图形显示效率的强度，同时给出了优化建议。从理论上讲，这艘快艇已经满足了投入生产的条件。

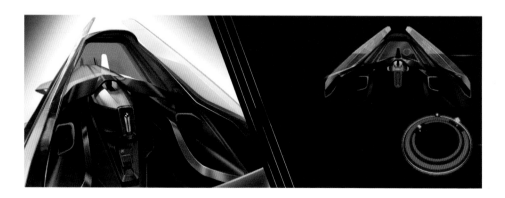

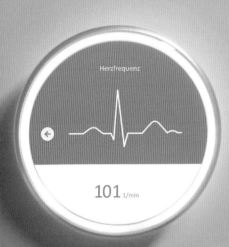

Herzfrequenz

101 1/min

案例研究2：
新生儿监护仪VIA

以高危新生儿监护仪为例诠释设计和医疗技术

案例研究 2：
新生儿监护仪 VIA

约阿内高等专业学院工业设计系与 GETEMED 医疗和信息技术股份有限公司合作的研究生毕业设计

设计者：克里斯蒂娜·沃尔夫（约阿内高等专业学院工业设计系）

指导教师：约翰内斯·舍尔（约阿内高等专业学院工业设计系）

引言

孩子的出生对所有的父母来说都是一次非常感人的经历。孩子出生后，有时会出现并发症。因此，出生时体重过低的早产婴儿及有心律和呼吸调节障碍的婴儿应得到特殊的观察和治疗。如果是分娩前就出现问题，婴儿猝死的风险也会增加。何时出院是一个敏感的问题，极易引起法律纠纷。作为一项预防措施，医生会要求对新生儿的生命体征进行家庭监测。一旦家庭监护仪上的报警器响起，父母可以在孩子生命受到威胁的情况下迅速做出反应，及时采取必要的复苏措施。研究表明，监护仪的应用程序过时或操作过于复杂让家长备受打击。经常出现的情况是登记信息不足或有误，给出的情况说明太少。在日常应用中，这会导致频繁的误报，使家长们质疑监护的有效性。

研究方法

一个便于用户使用的家庭监护系统，特别是针对 1~6 个月大的新生儿，应在监护期间为父母提供必要的安全保障。对现有产品的进一步开发和对产品可用性（可操作性）的修订将提高婴儿监护的质量和水平。

婴儿监护过程

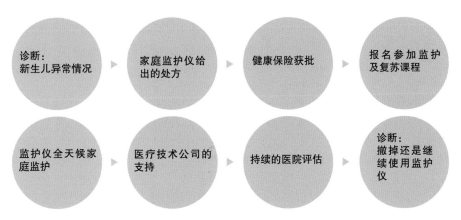

现有产品

2000 年

2016 年

研究

在过去 16 年里，移动电话迅速发展，智能手机得以广泛使用，而现有的新生儿监护产品的进步却不大。产品开发不应该停滞不前，尤其是在医疗领域。

市场情况和市场定位

除了少部分产品之外，大多数医疗设备都存在完全跟不上时代发展的脚步和操作过于复杂的弊端。对于未经医疗许可的婴儿监护产品，情况就不同了，这些产品在很大程度上满足了用户友好性的需求。然而，可以肯定的是，这些设备不能用于治疗或诊断，它们只可用于监测心率、卧姿、体温等，而且没有记忆功能，无法记录或存储任何需要进行评估的病发事件。

> **市场分析表明，具备用户友好性，而且得到医疗许可的婴儿监护系统少之又少。**

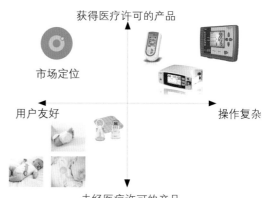

获得医疗许可的产品

市场定位

用户友好　　　　　　操作复杂

未经医疗许可的产品

用户的观点

对家长、医生和护士采访之后的研究表明，过于复杂和过时的应用过程以及不详尽的操作指南会给父母带来过度紧张感和压力，导致他们完全不理解新生儿监护的意义。为了给孩子们提供必要的保护，将家庭监护提升到一个新的水平是完全符合孩子们的利益的。

  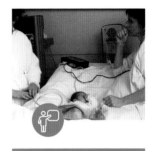

父母的不安全感	不敏感	日常使用
父母在开始监护孩子的时候常常感到没有安全感。完成复苏过程通常是很困难的，还会导致更多的不确定性。对于独自在家带孩子的母亲来说，如果出现紧急状况该怎么办呢？她必须迅速采取行动。	无数次的误报，总是发出相同的警报声，绝对能导致家长对这种声音不再敏感。误报是由传感器定位错误、调整错误、传感器传导错误等原因造成的。这些方面的问题主要是操作指南不详尽导致的，其后果可能不堪设想。	在日常使用中，由于线太多、太长，显示器的尺寸不合适，给操作带来了诸多不便。该设备的设计没有考虑到日常使用的灵活性，因为要把监护仪装在大床或婴儿床上都很困难。

胶粘式传感器	操作指南	复杂性
一次性胶粘式传感器容易松动，通常需要额外的固定。连线本身也会导致传感器松动。通过黏附在身体表面将电极连接到婴儿的上半身，往往会刺激到皮肤。一次性传感器的生产环境也必然受到质疑，毕竟经销商不是消费者。	事实上，操作指南几乎无人阅读，父母们喜欢依赖由护理人员或医疗机构的员工预先设定好的设置。在异常状况发生时，家长可能不做任何记录或忽略了重要的指令信息。	使用过程的复杂性体现在从传感器的安装到监护仪的某些设置。家长预约去医院后，医生或护理人员要求他们能说出 50% 婴儿监护仪所存储的 50% 信息，这样才能缩短医生得出结论的时间，提高工作效率。

产品要求

家长、专家和经销商都渴望产品从包装、显示器到充电设备的操作尽量简单。对于父母来说，灵活性在日常生活中尤为重要。对于新生儿来说，完美的穿着舒适性和足够的运动自由度是非常重要的。为了符合卫生标准，设备的清洗必须快而易。

最终方案——用户旅程地图

孩子出生后如果检测到某些异常，医生建议使用家用监护仪。

父母拿着医生的诊断结果出院，心里会感到有些不安。

指定的监护仪被送到家中，产品包装应该给人留下良好的印象。

开创性的包装和数字化介绍的结合应该能解释清楚最重要的步骤。

分步显示需要做什么，所有问题都能找到答案，避免错误的发生。

指示灯规律性闪烁向父母显示一切正常，产品处于睡眠模式。

只能通过激活显示才能检索到结果，而指示灯一直亮着。

监护仪在夜间充电，需直立放置，指示灯亮。

包装中有两个传感器，可以轮流充电使用。

家庭监护系统组件

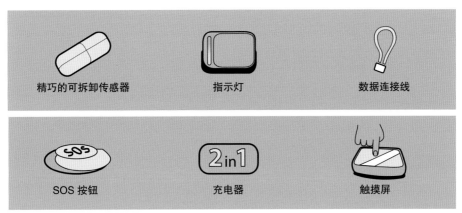

精巧的可拆卸传感器   指示灯   数据连接线

SOS 按钮   充电器   触摸屏

父母们并不需要"陌生人"的怜悯，所以监护仪一定不要太显眼。

数据直接传输到医院进行评估。

一旦超过极限值，传感器会发出振动脉冲，刺激婴儿呼吸。

监护仪一定要小巧，这样才便于携带。

即使父亲不在家，母亲也知道，如果有紧急情况发生，她会立即得到帮助，因为安装在父亲手机里的应用程序会和监护仪同步数据。

家庭监护仪有一个应用程序，父母可以在手机上查看孩子的当前状态。

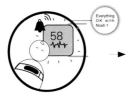

当重要参数超过极限值时，警报器就会响起。如果出现危及生命的情况，按下 SOS 按钮来通知救援小组。

在紧急情况下，必须采取复苏措施（母亲经常感到压力）。为了消除压力，监护仪上会出现操作指示。

母亲在操作指示的指导下开始采取救护措施，在与救援队取得联系之前，不会错过任何宝贵的时间。

监护仪的设计过程

监护仪的外观设计故意采用毫无棱角的圆形，这样可以使它在新生儿所处的环境中不那么抢眼，使得孩子依然是焦点。圆形象征性地具有了"话泡泡"的功能，从而建立起一种关于孩子状况的非言语交流（想法＝婴儿状况），并在监护仪上显现出来。

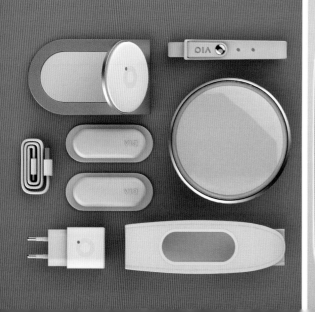

传感器的设计过程

传感器和一个纯棉制的带子组装在一起，固定在婴儿的胸部，监测数据通过蓝牙传输到监护仪。不再使用可能伤害婴儿皮肤并限制其运动自由的黏性电极。

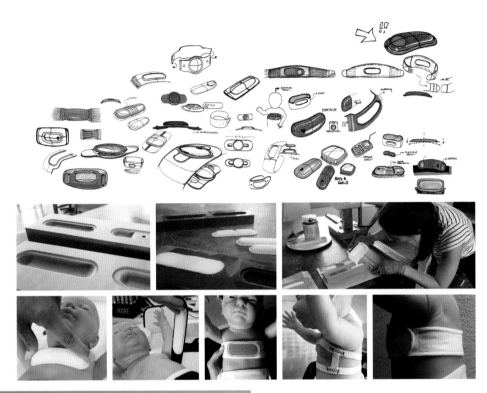

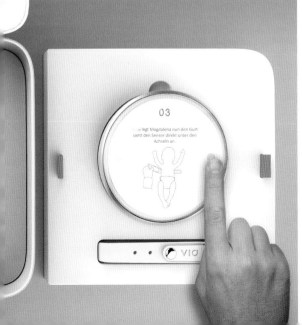

最终设计

用户友好性对父母和孩子同样至关重要。利用新开发的传感技术，可以建立起与婴儿的无线连接。

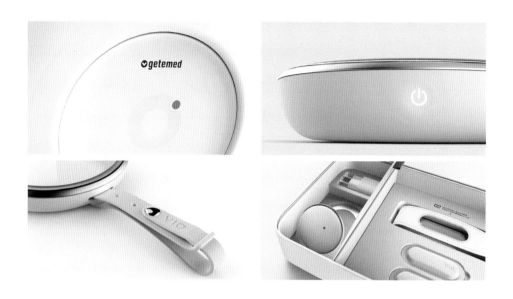

UI/UX

    VIA 是专为新生儿设计的新型家庭监护系统，旨在让家长每天监测自己的高危新生儿时获得信心。UI/UX 是家庭监护系统的重要组成部分。产品在外包装、说明书、操作指南、数据评估等方面都做了重新设计，此外，UI 的智能化功能将增强家长的安全意识，确保在今后使用过程中的专业性。

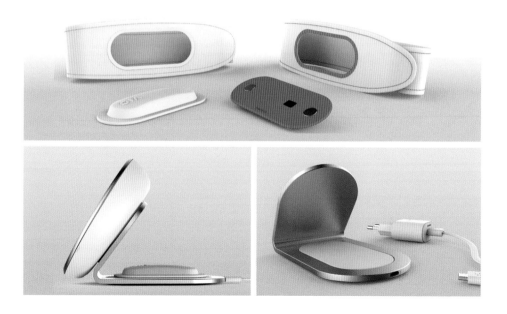

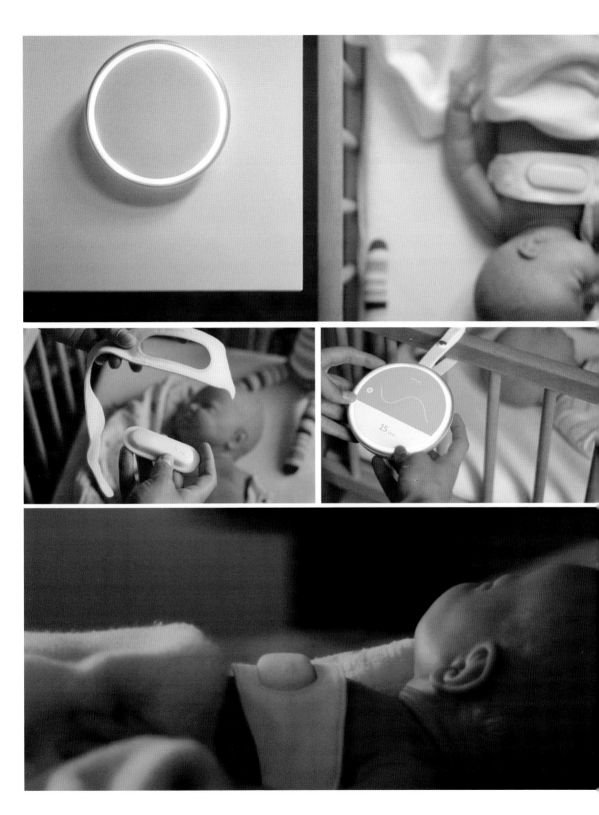

PX 2020 - WHITE
PX 2023 - YELLOW
PX 2022 - MAGENTA
PX 2021 - CYAN
PX 2024 - BLACK

案例研究3：
PRINTTEX墙壁移动打印机
墙壁移动打印机——设计和创新的范例

案例研究 3：
PRINTTEX 墙壁移动打印机

项目名称："工具时间"（约阿内高等专业学院工业设计系）
设计者：本杰明·卢安热（约阿内高等专业学院工业设计系）
设计指导教师：约翰内斯·舍尔（约阿内高等专业学院）
人机工学指导教师：马蒂亚斯·戈茨（约阿内高等专业学院）

引言

如何把数码照片打印到自家的墙上？这是 2020 年的学期项目"工具时间"要解决的基本问题。PRINTTEX 是一种墙壁移动打印机，它的技术原理与标准喷墨打印机相似。首先在计算机或平板电脑上生成要打印在墙上的图案或图片，然后上传到 PRINTTEX 上，就可以完成墙面打印了。借助于两个坐标传感器，确定墙面打印区域。与使用油漆辊类似，打印机在墙上垂直上下滚动。

创新性

这个产品设想的创新之处在于它将两个明显矛盾的产品组合成一个全新的产品。租赁、绘画工具等多种服务的开发拓展了新产品的方向。

标准的喷墨打印机与油漆辊的组合就是这一创新过程的产物，但是，在随后的简报中，必须确定一些对产品的进一步开发起决定性作用的参数。

必须做的事情

- 各种印刷图案（图片、文字、插图等）均可打印
- 打印出的颜色尽可能均匀
- 打印图案的数字输入过程要简单
- 白色应作为特殊颜色打印

目标

- 独立清洗打印头
- 可打印在不同表面（光滑或粗糙）
- 如果需要，可以无限打印
- 颜色可以单独重新填充

不能做的事情

- 打印出来的图像不得涂污
- 打印机在使用过程中不能翻倒
- 不生成打印胶片

产品和服务

如果你想自己用照片、图案或文字来设计房间的墙壁，还不想使用复杂的投影或模板等绘画方法，请按照以下步骤进行：

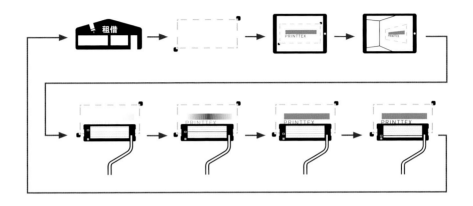

共享

墙壁移动打印机可以从专业经销商那里租借来，这样能省去消费者的购买和储存成本。租借来的系统包括带充电器的打印机、五个完整的喷墨墨盒和两个坐标传感器。如有需要，可以多租借几个墨盒。墨盒的耗墨量是根据墨盒归还后的加注量来决定的。加注系统能节约资源，保护环境。

图案

PRINTTEX 对于图案的选择没有限制，图像、插图和文本均可打印，其操作方式类似于喷墨打印机，也可以在彩色背景上打印白色。由于喷墨打印机是基于减色法混色的，如果墙壁已经有了色调，就必须预先打印上白色。

操作过程

两个坐标传感器可以先在平板电脑、笔记本电脑或常规电脑上确认打印区域，再将图片放置在屏幕上显示出要打印的区域，应用程序可以从制造商的网站上免费下载。在电脑上控制图片的位置，并生成图片方案。方案一旦确定，打印头必须分别打印相应的颜色。边缘上的广告能起到提示作用，告诉你在哪些区域的打印是免费的。

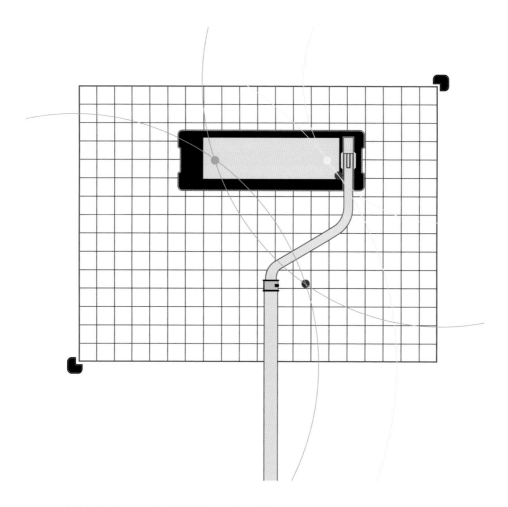

　　两个坐标传感器通过红外线连接，对角线偏移限制了压力范围，这样就可以计算出对角线的长度。打印头上装有水位仪，能检测出直线和对角线之间的夹角，以防止打印头打印位置出错。每个传感器发出两种不同的波长，分别击中位于打印头的两个接收器，以此准确地限定打印头需打印的位置。

　　在一定的时间间隔内改变位置，计算出墙壁打印机移动的速度，即打印进给率。油墨通过滚动的方式印刷到墙上，在手动操作下，喷墨密度以不恒定的滚动速度来自动调节。打印机安装有用于校验和安全之用的距离传感器，能测量出离墙的距离，如果离墙的距离不正确，则打印停止。

外壳切面

从打印机外壳的侧端能看到所需的传感器和技术特点，能量由电池提供。

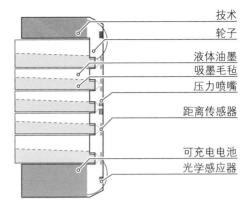

技术
轮子
液体油墨
吸墨毛毡
压力喷嘴
距离传感器
可充电电池
光学感应器

概念阶段

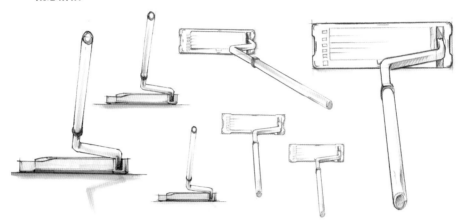

模型制作

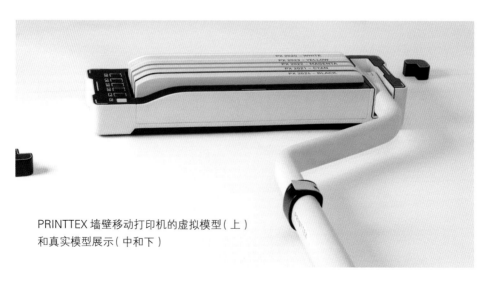

PRINTTEX 墙壁移动打印机的虚拟模型（上）
和真实模型展示（中和下）

该产品荣获以下奖项：

STUDENT DESIGN AWARD 2015
2015 年学生设计奖

Design Concepts Award
2015 年设计概念奖

RENT
SET PRINT
AREA
ELECT
MOTIVE
PRINT
FINISH

PRINTTEX

案例研究4：
舍弗勒微型敞篷车/舍弗勒
生物混合动力微型车
以电动助力微型车为例诠释设计和"微出行"

案例研究 4:

舍弗勒微型敞篷车 / 舍弗勒生物混合动力微型车

约阿内高等专业学院与舍弗勒股份有限公司合作研发的微型车项目

设计者:伊莎贝拉·齐德克,约沙·赫罗德(约阿内高等专业学院工业设计系)

指导教师:迈克尔·兰兹,马克·伊舍普,米尔托斯·奥利弗·昆图拉斯(约阿内高等专业学院)

引言

在这个合作项目中,学生和舍弗勒股份有限公司团队开发了一种电动助力微型车,车型是细长状的,规格为宽 80 cm,最大长度 220 cm。该车最高时速 25 km/h,适合在自行车道上骑行,载人运货均可。

作为全球领先的汽车和工业综合供应商之一,舍弗勒股份有限公司活跃在与出行相关的领域,比如铁路、飞机、风力发电和许多其他工业领域,积极为"未来出行"提供解决方案。通过将工业与出行相结合,舍弗勒股份有限公司一直致力于进一步发展"微出行"。在这方面,全面的技术和社会思考发挥了重要作用。这家领先的德国公司与约阿内高等专业学院工业设计系的跨境合作硕果累累,舍弗勒股份有限公司的工程师们在发动机、变速箱、底盘和电动汽车领域的高水平专业知识与约阿内高等专业学院的学生们富有创造性的、复杂的设计解决方案相结合,最终把一个设计模型变成了为出行设计的原型车。

微型车设计作品:舍弗勒微型敞篷车

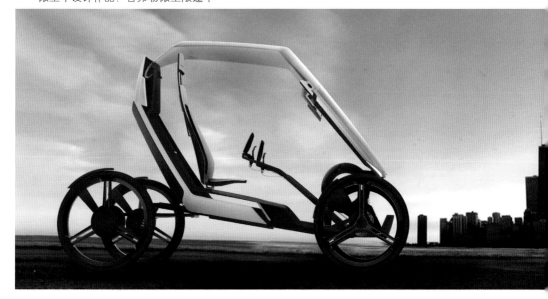

在**研究阶段**，设计人员对潜在目标群体的需求进行了调研，尤其是对这款产品的未来用户做了详尽的分析。研究采用了人物角色法，先虚构一个潜在的目标用户群体，以概念的形式将其发展成为具有兴趣和愿望的人物角色，他们未必是产品未来真正的用户或消费者，而是代表了一群具备具体特征和用户行为的潜在用户，同时也代表了不同的用户类型。

人物角色"职场新人"

慕尼黑市中心

约 25 分钟

**内奥米
25 岁**

服装设计师

有环保意识
自信
喜爱运动
追求时尚
恋爱中

优雅　　　　　　　　　　简约

伦敦市中心

约 55 分钟

**弗朗西斯
36 岁**

分析师

爱好运动
追求时尚
性格外向
单身

功能性　　　　　　　　　　高质量

研究阶段的一部分是制作简报，在简报的帮助下定义未来产品的需求，以便能够在随后的概念阶段为这些需求提供解决方案。应该尽可能简明扼要地概述虚构人物的愿望（见下文），这样才能在进一步的发展步骤中提出应对的方法。好的设计方案总是能明确地回答简报中预先设置的问题，其目的是用尽可能多的方法解决未来用户的问题和需求。

他们想要……

·托物言志 ·到达时不出汗 ·带一个朋友一起去 ·工作与生活的平衡 ·积极运动

·尽可能节省时间 ·开车去购物 ·随身携带手提行李 ·到达目的地而不被雨淋湿

·最大装载容量和存储空间

·舒适及防风雨

·驱动技术
·在尽可能小的空间体验运动和高效的技术

需求和概念

·最大限度的舒适和尽可能多的存储空间 ·驱动装置占用尽可能小的空间 ·运动和高效是驱动系统的重中之重 ·目标群体是活跃的职场新人，他们未来的生活圈子在市中心

从研究阶段到构思阶段的过渡通常是平稳的。需求确定下来之后，需要想出对应的解决方案，再以方案草图的形式把最初的想法呈现出来。CAD 软件已经变得越来越对用户友好，这个工具在设计过程伊始就被使用。通过抽象的 3D 模型——以 1∶1 的比例由简单的人机工学模型支持——把汽车的比例大致确定下来。方案逐渐趋于成熟，细节问题也在设计过程中得到解决。整体设计方案中的装配组件用不同颜色标注出来，并在空间上定位（参见下面的构思阶段）。

构思阶段

在车体上安装一个用于遮风挡雨、可收纳的车篷是微型车概念最早提出的想法之一。

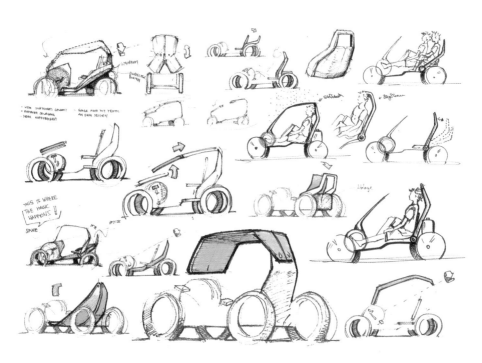

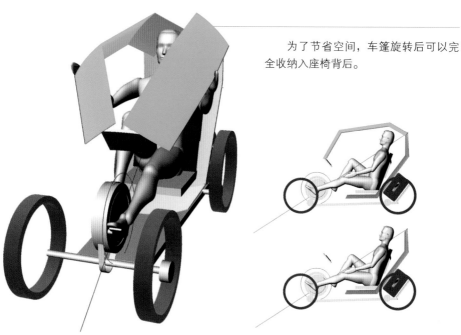

为了节省空间，车篷旋转后可以完全收纳入座椅背后。

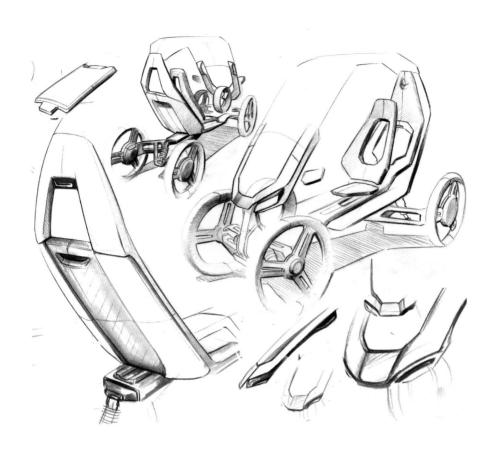

单座和双座的组合对车架结构的设计具有决定性的影响。与此同时，对驱动装置进行第一次调试。电动驱动和脚踏板辅助驱动都必须在框架结构中留有空间。

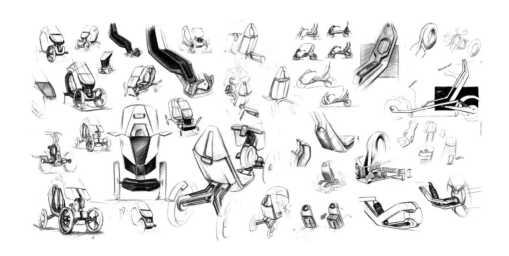

设计图和车身规格

　　车辆的结构在总布置图的基础上不断完善，而 CAD 设计要借助于细致的手绘座椅设计图才能完成。车身的规格不能超过规定的尺寸，配套的电力驱动装置放置在底盘和座椅之间。方向盘、车灯和一些附件，如行李箱和紧急座椅，都包含在概念设计中，但还只是粗略的设想。

1500 mm

800 mm

1350 mm
齐眼高度

2200 mm

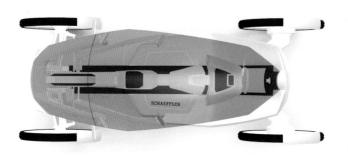

800 mm

2200 mm

特征

· 最大化的存储空间
· 清晰的全景视野
· 舒适的坐姿
· 自由的驾驶体验
· 满足锻炼身体的需求
· 适应不同的天气状况

微型车参数：
· 最高时速 25 km/h
· 皮带传动
· 电动助力
· 四个轮子

可旋转收纳的车篷

晴天时把车篷收纳起来

舍弗勒微型敞篷车提供了最大程度的自由感，这要归功于它的可收纳的天气保护装置。车身后围配有可扩展的存储空间，根据装载物品的尺寸来调节其大小。此外，一个折叠起来的座椅能在急需时再搭载一个人。结合电力和人力驱动，用户不仅能表达出自己的现代理念，还能在运动和舒适之间达成一致。

下雨或天冷时把车篷盖上

货舱

天气保护装置

扣带、硬行李箱

可变的存储空间

可折叠的第二个座椅

第二个座椅属于应急座椅，在需要时可以使用

可收纳的透明车篷

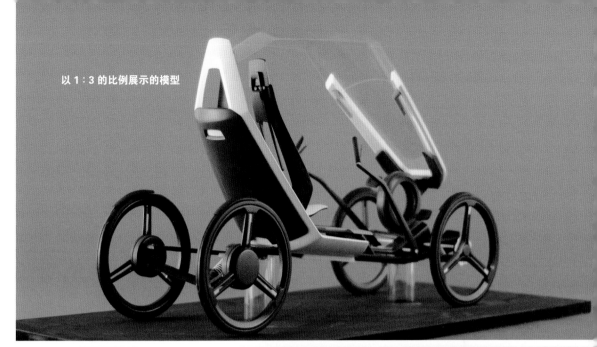

以 1：3 的比例展示的模型

舍弗勒生物混合动力微型车

从设计模式到哥本哈根和伦敦的微型车驾驶体验。

系列产品的草图设计离不开整个开发团队的协作。设计通常是先勾画出一幅理想的画面，而这幅画面的进一步发展可能会给设计师和工程师带来巨大的挑战。在这个例子中，从设想到实现的过程可谓非常成功。学生们从手绘草图开始，为了达到更精准的程度，经过了无数次的修改，最终才一步步接近现在的设计。我们都知道，细节是最难设计的部分，例如，底盘要薄到什么程度才能接近理想的尺寸以及电池安放在何处才能满足占用最小空间的要求，这就是两个细节问题。

整个设计过程的起点是约阿内高等专业学院工业设计系研究生伊莎贝拉·齐德克和约沙·赫罗德的设计草稿，后来，德国领先的工业和汽车供应商之一舍弗勒股份有限公司和来自大略商务咨询有限公司的专家们联手将原型开发成了一个准备批量生产的产品。

通过整合现有的部件，如自行车盘式制动器等，完成汽车的 CAD 设计（左图）

设计之初的想法通过设计语言加以实现，底盘等机械部件、电子部件（驱动 / 电池）和电子部件的开发（智能手机集成）是这辆技术上非常复杂的车辆的组成部分。

敞篷车的感觉：
可伸缩的车篷

连接：
智能手机集成

自动变速

便携式
电池系统

可调行李箱

概念

舍弗勒股份有限公司的这款生物混合动力微型车结合了汽车的优势，如稳定性和天气保护，以及电动车的优势，如轻便、空间利用和能源低消耗。将这种轻型、电动助力型汽车融入现代城市现有的道路基础设施中是很有可能的，以此代表人们对出行模式变化的创新响应。"微出行"可以作为大城市出行的一种前瞻性概念，并且建立起一种替代形式的出行方式。人力和电力驱动相结合，符合可持续生活方式的社会趋势，有利于引导人们转向更小的车辆，实现资源节约型的生态平衡。通过工业和汽车行业的技术创新融合，汽车以其系统化的思维方式给人留下了深刻的印象。这辆具有前瞻性设计语言的电动助力车概念是由一个多元化的团队成功研发的。

实际数据：

- 生物混合动力
- 电动辅助驾驶（最高时速 25 km/h）
- 启动辅助（加速）
- 续航里程 50~100 km
- 动能回收模式（能量回收）
- 倒车挡（电动）
- 总重量 80 kg
- 轮胎规格 24 in（1 in=2.54 cm）

额定功率 250~750W（符合国家法律要求）/ 目标重量 60 kg

1500 mm

2200 mm

灵活的天气保护

1+1 座椅（儿童座椅）

符合人机工学的座椅和方向盘调节

从理论到实际日常应用

在最终的真实环境驾驶测试中，理论上设想的大量草案和 CAD 模拟的实际适用性得到了验证，在自行车友好城市哥本哈根和设计热点城市伦敦的试驾均获成功。未来出行的基本条件存在区域差异和国家差异，必须以不同的方式看待。根据地区特点，在柏林或纽约等城市，人们的微出行需求不尽相同，需要想出不同的应对方式。在哥本哈根，遍布整个城市的自行车道网和机动车道完全分开。在伦敦，一辆车身狭窄的微型车是摆脱市中心日益严重的交通堵塞而又不牺牲舒适性的理想选择。紧凑的设计为寻找停车位提供了便利，而且许多城市允许微型车在公交车道上行驶。为了实现向生物混合动力车的快速转变，减税不失为一项激励措施。

结论

舍弗勒生物混合动力微型车是一种新型汽车的原型，为未来的城市交通提供了可持续的解决方案。

在伦敦和哥本哈根（自行车友好城市）测试原型车

伦敦

哥本哈根

伦敦

在伦敦试驾

案例研究5：
多功能设备装载车EGRA

这台全自动驾驶的工具装载车不但是农民的好帮手，还可以保护土壤。我们想以此为例诠释生态创新设计理念

案例研究 5：
多功能设备装载车 EGRA

约阿内高等专业学院工业系研究生毕业设计
设计者：赫尔穆特·康拉德（约阿内高等专业学院工业设计系）
指导教师：约翰内斯·舍尔（约阿内高等专业学院工业设计系）

引言

本设计以"未来农业劳作"为主题，视角放在了 15~20 年后。农业提供了广阔的活动领域，因为现在几乎所有的农业劳作都是由人力加机械辅助或机械全自动化完成的。与此同时，对许多农场的消费者来说，食品生产过程非常不透明，而营养意识和有机产品在社会中备受关注。不过，现代农业仍然受到人类和自然环境因素的影响。农业的产量一方面取决于地理位置和气候条件，另一方面取决于农业的类型。土壤的成分构成了我们农业的基础，因此，通过采用以景观和环境保护为导向的方法来处理这一文化资产对未来具有巨大的重要性，未来的人们也应该能够实践有机农业。

毕业设计将对以下几个问题展开讨论：
机器的使用如何影响土壤？土壤能否永久地承受大型机器的使用？目前占主导地位的农业形式是可持续的吗？

这台为葡萄栽培、水果种植以及山区耕种而设计的设备装载车回答了上面提到的问题，它使农业劳作变得更加容易，并考虑了土壤保护方面的问题。

研究

从全球来看，农业是一个重要的产业，因为粮食生产需要大量的劳动力。目前使用的农业机械功能齐全，技术复杂。为了最终使这些机器适销对路并满足客户的要求，需要进行大量的开发工作。近些年来，设计的质量对这些机器产生了很大的影响，制造商正在寻找创新的设计解决方案。

在对农业问题进行深入研究的背景下，设计人员分析了在土地上使用机器所造成的损害，并寻求新的解决办法。这些有价值的信息构成了将设想演变为设计方案的基础，创新的解决方案正是始于最初的设想。

$$压强 = \frac{压力}{受力面积}$$

压实是由车轮负荷过大和对地面压力过大造成的

研究表明，农业机械车轮载荷过大，对土壤肥力造成了巨大的破坏。与此同时，农业机械出现了几乎完全自动化的趋势，这些机械的尺寸也在不断增大。另一个趋势是所谓的"野战机器人"和"无人驾驶飞机"对部分地区的耕种。历史经验表明，耕作中的用人数量越来越少。

工业化和机械化水平提高

质量和大小

公元前 500 年　　　　19 世纪中叶　　　　现在　　　　未来

工业化对农业机械的影响

设计人员对土壤保护和农业机械应用领域进行了几次问卷调查，被调查者包括农耕设备和葡萄栽培专家们以及维也纳自然资源和生命科学大学农业工程研究所所长。讨论结果可以从如下几个方面加以概括：

- 限制机械载荷
- 合适的工作方法
- 利用技术创新

设计方案的产生源于两个设想。

2025 "演变" 设想要解决电池存储容量增加的问题，为农业工程的发展提供高创新潜力。工业化的农业在我们的星球上留下了许多伤疤，对广袤而宝贵的土地资源造成了影响，现在是时候开展一场反潮流运动了。

2034 "绿色转变" 设想更加全面，而且是朝着上面提到的方向迈出的第一步。反潮流观念得到强化，导致对有机产品的需求出现了大幅度的增长，人们渴求食品生产的透明化，可持续发展意识也在逐渐增强。新颖的农业系统为农民提供了极大的支持，使他们成为过程链中的可持续生产者。

"绿色转变" 的价值观包括以下几个方面：

- 人与技术之间的减速与平衡互动
- 保护景观以及生态和区域生产
- 以家庭为中心，自觉开启健康的生活方式

在研究阶段结束时，车辆的初步设计方案要被确定下来，同时还要选择在山区工作的葡萄种植者、果农和农民作为目标群体，因为他们最需要适应当地地形的机械设备。

其目的是为从事农业劳作的人提供帮助，减轻他们的劳动强度，尽量减少潜在的危险。

整车概念的灵感和指导原则是设计一个全自动驾驶的、组装式的设备装载平台。陡峭的地势、狭窄的车行线路和崎岖的山路是葡萄栽培、水果种植和山坡耕种的主要地形特征，而这些特征不应该成为机械使用的障碍。设计简报的编写要事先考虑到这些特殊需求，设计规范列表有助于车辆布置图的绘制和尺寸设定。

在地形方面要满足下列要求：

平坦地区	陡峭的地势	狭窄的小路
适用于平原和田野	适用于山地种植或葡萄栽培	适用于山坡的道路或葡萄园里

设计简报的主要目的：

必须做的事情	目标	不能做的事情
·保护土壤 ·自动驾驶 ·使用灵活 ·在山坡上保持稳定 ·外形紧凑 ·运输货物、保护土壤和植被 ·附件简单 ·明显优于拖拉机	·监控农田和植物 ·帮助和减轻农民的劳作 ·操作和维护上要保护环境	·破坏土壤 ·构成威胁 ·危及人和动物的生命

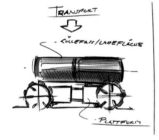 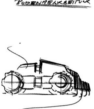 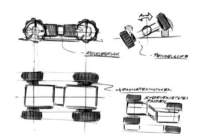

绘制车辆布置图时要考虑到如下相关的细节因素：

· 宽胎和双胎

· 带式传动

· 采用子结构技术的轻量化结构

· 组装式系统和紧凑型设计

· 附件电机及快速连接系统

· 液体肥料桶、喷洒器或装载区域

· 无人机在设备装载机工作期间收集重要数据并进行监控

· 纯电力驱动系统

在设计简报中要确定一个明确的目标，就是要研发出一台灵活的、组装式的自动驾驶设备装载车，同时配备一架执行分析和监测功能的无人机。

概念

在首先开始的草图阶段，要构思出车辆的总布置图。出发点是搭建一个设备装载平台，可以在上面安装不同的组件。一方面要考虑设计简报中罗列出的功能需求，另一方面要拿出一个与整个产品系列相协调的设计方案，这项工作非常重要。

草图阶段要利用 CAD 绘制出整车总布置图，这对于检验操纵系统的多种设计方案非常有帮助，并以现有的同类型的车辆为参照，大致确定出车身的体积和外形尺寸。这些计算机辅助设计出的第一批总布置图是下一步设计的基础，设计方案的持续具体化和细化都要依赖 CAD 软件（Solid Works/Alias）来完成。Solid Works 体积建模对技术组件非常有帮助，因为使用该软件可以相对轻松地创建实体。同时，使用曲面建模软件（Alias）构建出车体的外部曲面。

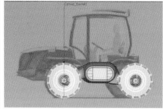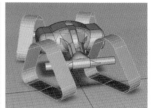

CAD 总布置图展示

带有轮毂电机的设备装载车　　　　　　　转向角检查（带式传动）

在设计开发阶段之初，焦点要集中在对这台由四轮轮毂电机驱动的电动设备装载车的总体设想上。它要配备全轮转向和摆轴，以适应不同的地形条件和保持较低的地面压力。随后的任务是持续改善和优化作为主件的装载车。在材料选择方面，天然纤维复合材料的使用是 EGRA 设计语言的主要特征。建模的时候要保持主件和附件在设计语言上的统一性和连贯性。

外形参考了 Steyr 柴油拖拉机

主件

附件：液体肥料喷洒车

附件：液体肥料喷洒、收割、葡萄栽培和运输

用于收割、葡萄栽培、农作物保护和液体肥料喷洒的附件

设备装载车（下）和无人机（上）

　　EGRA 的整体设计方案包括用于植被保护、液体肥料喷洒和收割的各个附件以及配套使用的无人机。无人机的作用是帮助农民监控设备的工作情况，同时还可以导航。为了获取各个附件在工作状态下的真实印象，设计人员制作了一组蒙太奇摄影，直观地表现出装载车添加了不同附件后的劳动场景。

结论

　　EGRA 是一台全自动驾驶、组装式的多功能设备装载车，是农业领域引领潮流的产品，可以显著提高农业劳作的效率。组装式系统的设计正是基于对土壤保护的考虑。把产品设计语言应用到车辆设计之中，赋予这台装载车高度的功能性和创新性。在形式设计上，紧凑的造型源于交通设计的元素和传统拖拉机元素的完美融合。

案例研究6:
宝马AURIGA自动驾驶汽车2030
以宝马汽车为例诠释设计和自动驾驶

案例研究 6 :
宝马 AURIGA 自动驾驶汽车 2030

约阿内高等专业学院与宝马设计中心合作项目
外部设计者：菲利普·弗洛姆
内部设计者：丹尼尔·布伦斯泰纳，弗洛里安·豪克（约阿内高等专业学院）
指导教师：格哈德·弗里德里希，克里斯蒂安·鲍埃尔（宝马设计中心）；迈克尔·兰兹，马克·伊舍普，米尔托斯·奥利弗·昆图拉斯（约阿内高等专业学院工业设计系）
模型制作：沃尔特·拉赫，彼得鲁斯·加特勒，米尔托斯·奥利弗·昆图拉斯（约阿内高等专业学院）

任务

无论是对于宝马还是所有其他汽车制造商而言，自动驾驶都是一个重要的课题。汽车的自动控制将极大地影响车的内部设计，因为乘客的需求和自由空间将发生巨大的变化。

因此，以下这个问题对宝马至关重要：如何在一台自动驾驶车辆的内部和外部设计中体现出宝马可信赖的和可识别的品牌价值，而且还能吸引各个类型的目标群体？在项目的第一阶段，最关键的工作是分析用户行为和明确目标群体，并利用人物角色法清晰地概括出用户的类型。在随后的构思阶段，以讲"故事"为目标，通过研究，简洁地呈现车辆的功能和情感品质。最后，整车的设计方案在全尺寸的胶带图的基础上得到进一步完善，设想中的美感也随即呈现出来。概念研究的最终结果就是制作一个能表现出车辆外部特征的比例模型。

概念

共享出行是未来的必然趋势，宝马需要成为同行业中的佼佼者，为个人提供高端的出行方式，重拾并重新诠释"悦动"的品牌价值。在设计草图中添加了一辆马车，以此作为视觉类比，传递出车辆外部可见的动力和独立的理念。乘客和司机所处的空间分隔清晰，乘客的空间给人以全新的奢华感。车内的智能装置增添了宝马 AURIGA 的驾驶乐趣，让用户体验耳目一新的自由感，使 AURIGA 给人以更值得拥有的感觉。

马拉车

宝马家族的发展

下图所展示的是对宝马家族成员的设想。1 系、2 系和 3 系将成为"共享"汽车，在车身尺寸上与目前的宝马 i3 差不多；4 系和 6 系运动版车型将被合并成半自动驾驶跑车，以吸引更多的体育爱好者；5 系和 7 系属高端车型，最终会被宝马 AURIGA 取代，成为未来的豪华版自动驾驶汽车。

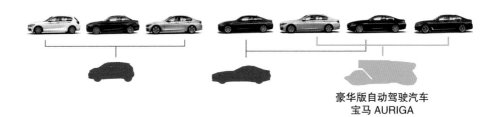

豪华版自动驾驶汽车
宝马 AURIGA

趋势研究

趋势研究表明，在不久的将来，汽车将趋向于自动驾驶。这意味着共享出行的费用会很便宜，因此非常有吸引力。到了 2030 年，世界上所有的汽车都能实现自动驾驶，宝马更需要一款能代表自身价值观的旗舰车。共享出行也要带给用户宛如拥有这辆车般的快感，并为他们创造出附加值。

"生活中的一天"人物角色和目标群体的设定

为了设计出一款能够满足目标群体需求的车辆，我们采用了人物角色法，要勾勒出这些人物日常生活中一天的经历，以此研究他们的愿望和需求。

宫崎骏	宝马时刻	宝马时刻	
34 岁	获得灵感	有创意	摄影工作室
英国伦敦人	与人联系	设计工作室	艺术总监
职业：服装设计师	惊叹不已	充满热情	任性

	宝马时刻			宝马时刻	
写作	开会	收藏	时装工作室		休息
网上发图	谈判	制订规则，创作	完成工作，思考		平静，享受

豪华出行的根源（研究）

为了探究豪华出行的根源，设计人员分析了汽车的发展史。当时的豪华车辆都有一个共同点：驾驶车辆的人不被称为 driver（司机），而是首次启用了另外一个词 chauffeur（私人司机或豪华车专职司机）。

汽车的起源可以追溯到马车，而马作为驱动力与自动驾驶汽车的工作原理有一定的相似性。驾驭马车的要领是保持车辆不偏离路线，遇到紧急情况要采取措施，避免事故的发生。也就是说，驾驶员的唯一任务是控制方向和速度。

类比：在研究阶段，调研了出行的起源，继而对方案设计产生了很大的影响。在很长一段时间里，私人司机驾驶的车辆是富裕阶层首选的交通工具。这种豪华马车拥有舒适的独立驾驶座位，司机与马的配合相当默契。

豪华车专职司机　　　　　马车

创造附加值

驾驶宝马 AURIGA 的时候，你只需扮演助手的角色，这样你就可以获得更多的时间去做生活中其他重要的事情。这种让车主生活更轻松、更高效的方式，是未来"宝马悦享"的时刻。宝马 AURIGA 能独立完成许多任务，并根据主人的时间表来安排这些任务。而且这辆车还可以利用空闲时间独自去完成接送家人或去商店买东西等一些任务。

车内布局

宝马 AURIGA 的内部设计应该适应不同的驾驶场景，让车主时刻处于最舒服的状态。下图显示了在四种可能的场景下，对车辆内部所做出的相应调整。为了实现顺畅的转换，这些调整需要做到尽可能少的硬件修改。

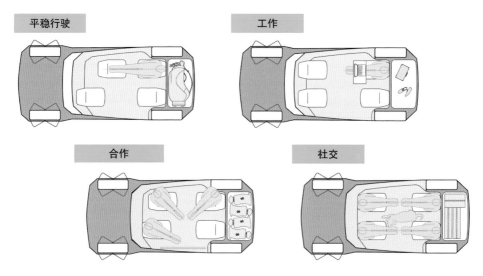

车内场景

为了实现这些车内场景，需要在功能和方案上有所创新。利用头脑风暴想出更多的点子，然后加以评估，再用"缩略草图"把这些点子在纸上画出来。例如，画出听音乐、观看多媒体投影、聚会、玩游戏等休闲区的设计草图。

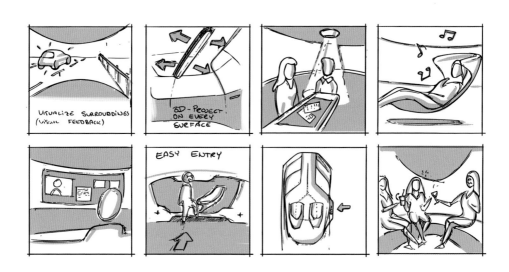

基准和总布置图

在设计宝马 AURIGA 的比例之前，设计人员对数据和现有车辆的尺寸进行了比较分析。为了同时达到尽可能大的内部尺寸以及最佳的空气动力和效率，设计人员选择了类似于奔驰 F015 概念车的外形设计。宝马 AURIGA 的外观尺寸与宝马 7 系大致相同。

2015 奔驰 F015 概念车
氢燃料电池混合动力车
相似的内部空间

外部设计硬点

长度	5220 mm	4600~5000 mm
宽度	2018 mm	2100 mm
高度	1524 mm	1490 mm
轴距	2610 mm	3025~3425 mm

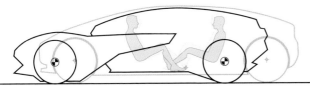
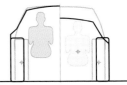

为了检查车辆的比例，创建了一个 1 : 1 的内部模型

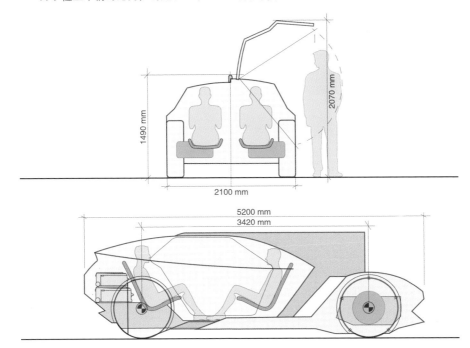

外部草图

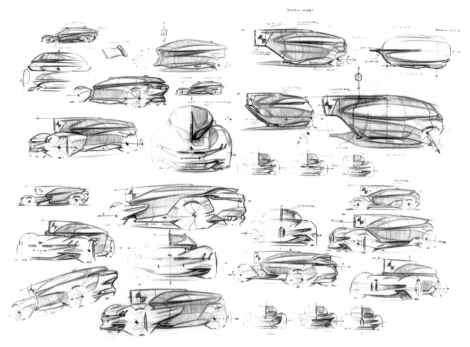

外部

　　这些草图越来越多地从传统的汽车设计转向自动驾驶体验，重点显然是用简洁清晰的线条勾勒出适宜自动驾驶的外观。另外一个必须要关注的问题是如何在保持车身尽可能轻的条件下实现空间的最大化。更细化的效果图是用 Photoshop 画出来的，线条非常清晰。

充电站
电力驱动

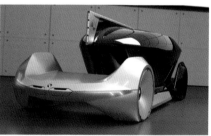

内部草图

内部

　　豪华而多功能的汽车内饰是这款车的设计主题。真皮座椅的位置设计得非常恰当，为使用者提供了特别开阔的视野体验和舒适的乘坐体验，这些座椅可以根据需求调换成不同的状态，例如，从"工作模式"切换到"休息模式"。

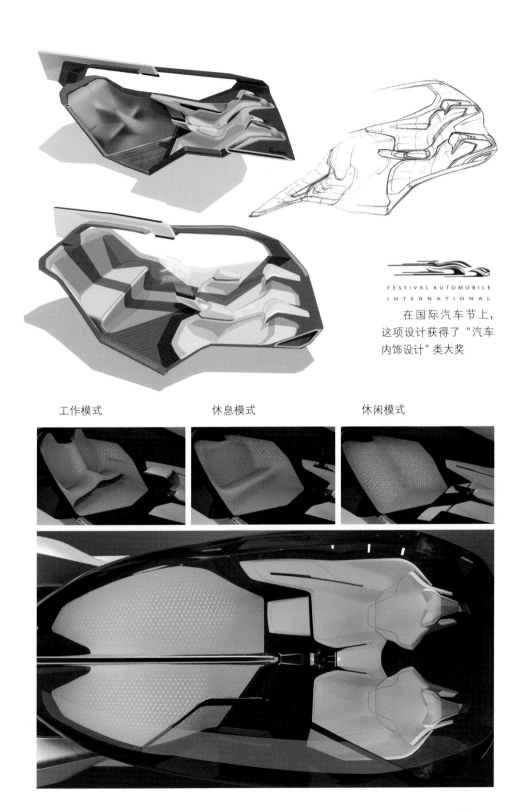

FESTIVAL AUTOMOBILE
INTERNATIONAL

在国际汽车节上，
这项设计获得了"汽车
内饰设计"类大奖

工作模式　　　　　　　休息模式　　　　　　　休闲模式

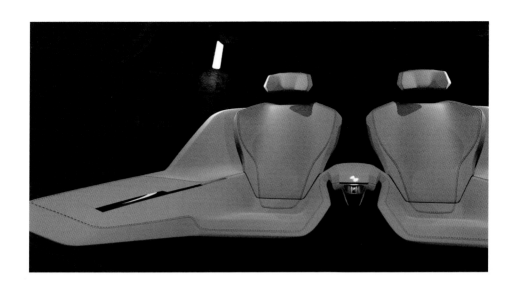

案例研究7：
NORTE滑翔机
以安全和可用性为重点的电动滑翔机

案例研究 7：
NORTE 滑翔机

约阿内高等专业学院工业设计系研究生毕业设计
设计者：亚历山大·克诺尔（约阿内高等专业学院）
指导教师：约翰内斯·舍尔（约阿内高等专业学院工业设计系）

引言

滑翔运动是一项小众运动，全球约有 10.7 万名飞行员。多年来，从事这项运动的会员俱乐部会员流失得很严重。所以，这一毕业设计的目的是鼓励年轻人去玩滑翔机。

NORTE 是一款双座滑翔机，配有集成电动机，可以自动启动。借助于双脚式起落架，滑翔机飞行员可以在没有更多帮助的情况下独自起飞。这种基于共享系统的起飞方式节省了成本，为独立飞行员（没有俱乐部会员资格）和俱乐部带来了很多好处。驾驶飞机的门槛不要太高，这样才能吸引更多的航空爱好者参与。从目前的事故统计数据和使用的安全系统来看，要对滑翔机的结构和技术做根本性的修改和改进。本设计中的安全方案包含几个为飞行员提供最佳保护的主动和被动安全系统，此外，对用户体验进行了重新设计，给予飞行员全新的飞行体验，还特别强调了飞行和着陆期间的安全性。

统计数字显示事故有所减少，但致命事故的数量大致保持不变。事故数量的减少也可以部分归因于驾照数量的减少。

资料来源：德国联邦航空事故调查局

问题

根据德国联邦航空事故调查局的事故报告，滑翔机经常发生事故。然而，令人惊讶的是，滑翔机发生的致命事故比其他飞机更多，主要归因于滑翔机的飞行方式。传统的超轻型飞机或电动飞机不依赖于热条件，因此不像滑翔机那样经常处于危险的境地。

滑翔机事故类型：

世界各地的滑翔机俱乐部都在遭受会员流失的困境，在过去的 11 年里，滑翔机驾照的数量下降了 16.36%。在美国和德国这两个最大的销售市场，这一比例甚至更高，接近 20%。会员的平均年龄呈上升趋势。究其原因是滑翔机运动属于休闲性很强的运动，考取驾照的费用很高，参加俱乐部活动要耗费大量时间。

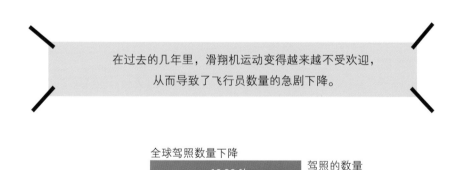

在过去的几年里，滑翔机运动变得越来越不受欢迎，
从而导致了飞行员数量的急剧下降。

全球驾照数量下降

–16.36 %

驾照的数量
2001—2012 年

原因如下：

费用	耗时	无吸引力
滑翔机运动的费用比其他运动要高	俱乐部的组织结构导致了会员在这项运动上要花费很多时间	休闲活动供大于求

共享系统

多数情况下，俱乐部的滑翔机都是集体出资购买的，每台新机的价格是 12~16 万欧元（取决于设备和提供商）。然而，在某一个大型的二手市场，滑翔机飞行员只需 1.2 万欧元就能购买到一台滑翔机。在俱乐部里，除了现有的滑翔机机型之外，他们还会购买 NORTE 滑翔机。这种滑翔机不但可以为滑翔机俱乐部会员所用，非会员也可以驾驶。非俱乐部会员要先预约使用时间段，俱乐部按时间收取高额费用。

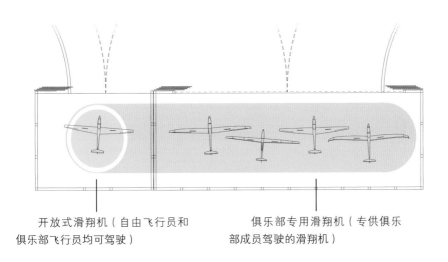

开放式滑翔机（自由飞行员和　　　　　　　　　俱乐部专用滑翔机（专供俱乐
俱乐部飞行员均可驾驶）　　　　　　　　　　　　部成员驾驶的滑翔机）

俱乐部和飞行员的优势

俱乐部的额外收入

这类滑翔机的运营为俱乐部带来了额外的收入，并有助于更容易地为新滑翔机的采购提供资金。

接近潜在的新会员

出于对当地飞行情况的青睐，经常使用俱乐部提供服务的飞行员会主动与俱乐部联系，有可能加入俱乐部。

飞行员计时收费

会员费没有期限，只按纯粹的飞行时间扣除费用。对于飞行时间很少的飞行员和新手来说，这是一种很划算的模式。

更多的时间在空中飞行

俱乐部的活动就是飞行，所以飞行员能有更多的时间在空中飞行，不必为其他事务分心。

推广滑翔机旅游

俱乐部成员除了可以使用与所属俱乐部有伙伴关系的协会的滑翔机之外，也可以在与俱乐部没有联系的地区使用滑翔机。

外部核心元素

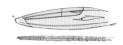

可折叠螺旋桨

为了减少阻力，螺旋桨折叠后收纳到桨舱里

可更换电池

系统配有可更换电池，保证连续运行。这意味着减少了充电时间，延长了飞机的飞行时间

加长安全空间

扩大安全空间意味着加大撞击缓冲区

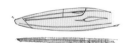

撞击缓冲区

发生事故时，第一次撞击被撞击缓冲区吸能，缓冲区域塌陷或部件脱落有助于削弱碰撞力

双脚式起落架

为了确保简单的起飞和降落，概念机采用了双脚式起落架，起飞不需要更多的帮助

在**构思阶段**，先把众多的技术功能（在这里称为核心元素）用草图表现出来，为以后绘制总布置图准备素材，同时将此纳入设计草图中。

传统的电动式启动滑翔机总布置图

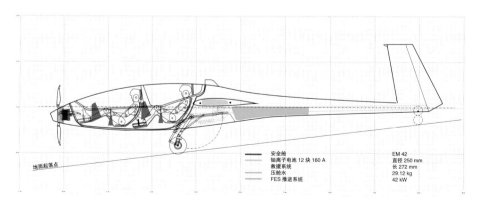

地面起落点

安全舱
铀离子电池 12 块 160 A
救援系统
压舱水
FES 推进系统

EM 42
直径 250 mm
长 272 mm
29.12 kg
42 kW

内部核心元素

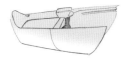

浮动的仪表板

　　自由悬挂的仪表板给飞行员更多的空间，还能确保个子较高的飞行员进出自如，并在飞行中给飞行员腾出更多的伸腿空间

安全座舱

　　出于卫生要求，座舱设计要易于清洁。没有组件直接固定在地板上，所以表面是连续性的

座椅悬架

　　脊椎的损伤可能是由于硬接触造成的，为了防止这些伤害，座椅被悬挂在两个点上，可以缓冲适度的撞击

小型仪表盘

　　简化后的仪表盘只保留必需的仪器（行程计、变压计、速度计、罗盘和高度计），以方便飞行员进出

增强现实

　　在各种飞行状况下，有了增强现实技术的支持，飞行数据可以投射到飞行员的视野中，导航系统也是基于增强现实技术

　　通过将 NORTE 概念机与传统的电动式启动滑翔机进行比较，可以清楚地看到技术结构的变化。作为核心要素开发的功能成为滑翔机飞行员所必需的组成部分。

NORTE 概念机总布置图

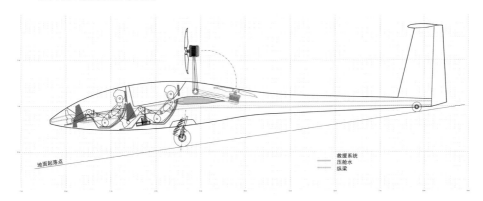

地面起落点

救援系统
压舱水
纵梁

内部设计构想

在驾驶舱内，座椅是设计的主要元素，也是设计阶段的起点。在空间上，座椅几乎占据了整个座舱，座舱也被同样是为设计要素的框架所包围。所有可移动部件都与这个框架相连，不同体型的飞行员都能在驾驶舱里坐下。座椅的悬架是阻尼式碰撞吸能装置，可以在硬着陆或碰撞时减少对飞行员的冲击。

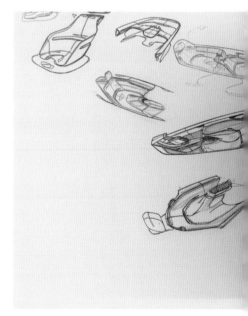

外部设计构想

　　滑翔机在设计上受到了自然界中物理法则的严重限制。我们试图从水世界的自然元素中去寻求灵感，于是，水里的游泳健将鲨鱼脱颖而出。鲨鱼的身体特征被转移到飞机上，特别值得一提的是球根状的前部和鳍。

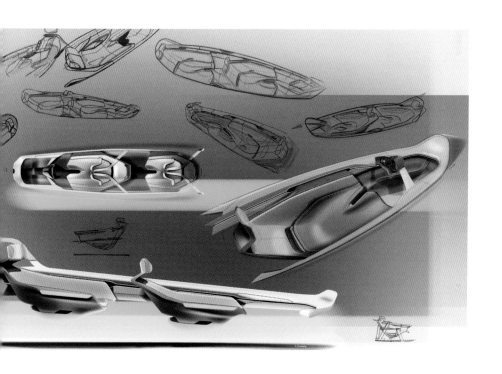

可折叠三叶螺旋桨

三叶螺旋桨驱动力更强，而且能减小震动对其造成的影响。这种设计改善了飞行性能，降低了推进系统的敏感性。三叶螺旋桨的直径更小，还能达到与双叶螺旋桨相同的性能，这是目前普遍采用的标准设计。

加长驾驶舱

炮口型的机头起着冲击保护和预先设定的断裂点的作用，以防止飞机在发生事故时头部陷进土地里。

可折叠螺旋桨

可更换电池

双脚底盘

座椅悬架

NORTE 滑翔机是双座式滑翔机，从两个座位的位置均可控制飞行，因此，这架飞机可用于训练和载客飞行。为了使座位位置适应不同体型的乘客，除了座椅外壳之外，升降机踏板和头靠也可以调节。在前座位置的仪表板可以移动，方便登机。后座的座位位置略微升高，以便让第二位飞行员获得良好的视野。

驾驶舱剖面图

减震座椅

辅助界面

座位布置——双座式

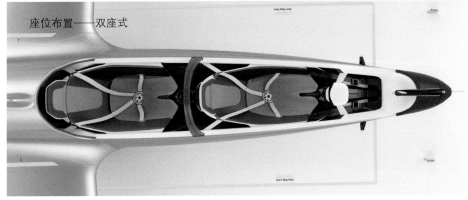

从发展的角度
看设计

前景展望

大数据和日益复杂的环境下设计和创新的发展前景

对未来的展望是人类的一个古老梦想。对准确预测的渴望影响着生活的不同领域：对自己和他人未来的"解读"，对自己所从事的领域和社会未来的"解读"，对自己证券投资组合和整体经济发展的"解读"。

由于我们社会系统的复杂特性，对**未来可预测性**（比如通过尽可能准确的预测）的渴望超出了可严肃对待的范围。然而，一旦我们了解了相应的系统规律，接受过必要的过程和方法方面的训练，并有将其应用到实践中的经历，我们就能够理解未来可能的**发展模式**（在所有可能达到的感官层次上最真实的意义），这正是**设计**的优势之一。在产品开发过程中，不仅需要多学科知识的融合，还要在此意义上，把所能想到的不同层面的认知方式作为产品设计者和用户之间必要的交流方式。（注：为此还需要不断地用实践去验证理论的可行性，例如，"设计思维"是设计方法论的一个概念，而设计师对这一概念的理解常常只停留在肤浅的层面上。）

无限量的数据就像一只看不见的手（算法）一样，人人都希望在它的引导下前行，然后自动就具备了能够读懂未来发展的能力，这当然只是一个假想。关于越来越多的**"大数据炒作"**，应该注意的是，更多的数据（"大数据"）在没有理解它们之间的联系，尤其是没有提出"正确的"问题并进行适当分析的情况下，同样具有误导性。"迷信"通过简化的、单一学科的竖井式解决方案来应对我们所处社会的巨大挑战，从而否定专业知识对于社会的重要性，这样做的人很难取得成功。或者换句话说，大数据就是大量的数据，如果在错误的分析过程中进行处理，必然会导致错误的结果，而大数据真正的潜力在于适当的分析方法和流程的应用，以及复杂的数据设计。

正如一个**"睿智而成功"**的探险队，即使他们知道探险的过程很有可能会遭遇"海难"，他们依然会勇往直前，而且还会有针对性地为这场冒险和与之相关的任何"意外"做好准备。为了更好地应对"未来"的挑战，我们需要具备一系列的能力，这些能力远远超出了我们目前所掌握的技能。为了应对今天和明天的复杂挑战，设计师和**问题解决者**除了要具备与工作描述相关的传统技能和创造性能力之外，更加需要将自身的综合专业能力（取决于指定的任务）和社会文化、个人和系统性能力相结合，像前面提到的"大数据"的目标承诺、成功和负责任的处理方式。

创新犹如踩着
深雪跑下山坡

对于**新技术**的出现（以及能察觉到其早期阶段迹象的能力）和重大**社会变革**的预测是大家普遍感兴趣的问题，尤其是在设计和创新领域，人们的兴趣更浓。例如，"技术"一词的本质是指填补一切空白的可能性，包括盖起一栋大厦、研发出火箭推进系统（美国国家航空和宇宙航行局目前已经实现）、建造抗震房屋（中国所建的抗震房屋能抗击里氏 8.0 级地震）、3D 打印人体器官和其他身体部位（在可预见的未来）以及将 3D 打印融入生活的各个领域。然而，3D 打印技术的迹象可以追溯到 1983 年查尔斯·赫尔刚刚发明这一技术之时。当我们想到"社会转型"时，我们想到的可能是国际政治重组或人口增长，但也可能是非洲的贫困陷阱或由于气候变化而出现的前所未有的移民运动（而不是因为新的政治问题）。理解这些基本的"大"模式会在元级别上影响所有其他领域，包括设计和创新。在上述许多变革领域，创新作为一种干预机制，往往代表着能够应对这些巨大的当前和未来挑战的可能性，以及新市场潜力所带来的风险和缺陷，最终为提高社会的适应力和整体的可持续发展做出贡献。下面这些标识概述了这些挑战，即当前联合国"可持续发展目标"中提出的所谓全球重大挑战。

消除贫困　　消除饥饿　　良好健康与　　优质教育　　性别平等　　清洁饮水与
　　　　　　　　　　　　福祉　　　　　　　　　　　　　　　　　　卫生设施

廉价和清洁　体面工作和　工业、创新　缩小差距　　可持续城市　负责任的消
能源　　　　经济增长　　和基础设施　　　　　　　和社区　　　费和生产

气候行动　　水下生物　　陆地生物　　和平、正义　促进目标实现　可持续发展
　　　　　　　　　　　　　　　　　　与强大机构　的伙伴关系　　目标

当前和未来社会面临的主要挑战

通向未来（工业）设计的重要桥梁是创新，而创新的唯一途径是从发展的角度去解决设计中的问题，把创新与设计紧密联系在一起，同时也要把创新与设计过程、创新系统和直接或间接的系统参与者（使用者的认知、其他利益相关者群体的认知和不容忽视的非使用者的动机和认知）联系起来。

对于未来设计的思考需要一个更广阔的视角。在过去，多学科知识的融合和以产品为中心的方法是很有前途的。然而，网络和全球化的日益发展不仅带来了经济上的紧密联系，也影响到了社会的各个层面：如今的社交媒体把"朋友"的定义扩展到全球范围内，同时也越来越淡化了友谊的概念。

雇佣关系通常是由职能和特定主题的活动决定的，因此，机构分配往往更加困难，因为机构多重分配（"附属关系"）的重要性正在上升到越来越大的程度。然而，工作中有效的东西也会影响我们的生活——一方面，物理和虚拟的迁移使我们能越来越多地接触到不同的价值观和社会体系；但与此同时，价值体系关系和身份形成的机制也在不断改变。数字化的快速发展所造成的强烈影响开启了一扇扇新的大门，给个人、职业、产业和政治层面的发展带来了各种可能性，我们原有的理解力受到撼动，尤其是人机耦合系统的意义和其背后的自组织机制、反馈和放大机制以及相关的风险和漏洞（20世纪中叶所阐述的控制论基本原则似乎对理解这些功能机制至关重要，尤其是在当今和未来）。为了更好地理解未来的发展，有效的（确定性的）预测模型的真实性正在受到质疑，这表明了理解复杂的发展模式的必要性（只有少数科学领域为这些挑战做好了准备）。在如今这个瞬息万变的世界，为了应对越来越复杂的任务，我们必须拥有跨越学科边界的广阔视角。下面将介绍一些处理不确定和复杂的未来的宗旨，然后再具体到设计方面的思考。重点要阐述的是未来设计领域潜在的扩展性，比如战略性的整体发展思路。

全球未来总体的发展路径不仅仅与未来的方向、预测、趋势和愿景等因素有关。人们在回顾历史发展时，往往会清晰地看到这些因素，因为它们导致了我们今天所处的位置——看到所有光明和黑暗的一面。目前的不良发展，不仅导致了金融灾难，也给整个社会带来了危机，比如2011年日本的福岛核灾难和随之引发的地震与海啸，从2015年开始的欧洲难民危机，都清楚地表明社会的发展需要人们在采取行动的同时，还要不断转变思路。这会影响到我们所从事的各种活动，包括设计活动。对待日常生活中出现的动荡，我们总是急于做出反应，而不是采取行动。我们倾向于寻找未来发展的"迹象"，而这些"迹象"也可能是"错误的"风向标。所采取的行动及其所引发的种种相互作用的基本条件往往没有得到深入的审视，思考和合作的原则也没有得到充分的质疑。然而，面对前所未有的机会，我们正在用**负责和积极主动的行动者**的形象取代反应者的形象。当然，采取行动要求我们要承担起塑造未来的责任，并以**"适应未来"**为目标（不要高估趋势和预测，因为它们可能只是辅助而已）。这样做不仅能使我们向前迈出一小步，还能因为行为上的必要改变激发出我们伟大的创新潜能，从而为真正的可持续发展铺平道路，促进社会、生态和经济方面的协同和整体发展。

学生们正在参与格拉尔德·施泰纳教授所主持的"未来浴室"项目研讨会

如果我们现在开始移步前行，试着去理解变化对个人生活领域的影响，我们不难发现，这些变化之间的相互作用是显而易见的。处于时刻变化的领域包括技术发展、经济发展趋势、环境和资源前景、社会和文化趋势、人口发展以及地缘政治和管制趋势。

在处理前所未有的复杂性和动态性时，下面列出的几个方面似乎特别具有概括性，但这些方面不是相互独立的，而是要相互作用才能**弹奏出和谐的音符**：

发现问题，明确问题导向，杜绝治标不治本

全面创新的解决方案需要在充分理解未来系统的基础上明确问题的导向。相反，脱离整个系统的意义去研究产品定位，势必造成产品开发的片面性。对于当今最复杂的系统，我们同样不能从表象去理解问题，而是要去发现问题，以避免治标不治本的解决方案，这样才能想出整体性的解决方案。

系统性思维与综合性多维度感官感知的融合

在学科知识的基础上，我们获得了识别和全面理解某一问题的能力。需要解决的问题就像一个综合系统，各要素之间的相互作用以及各要素与环境之间的相互作用，为产生**突破性创新和可持续性系统创新**提供了必要的基础。这使得一种全新的综合系统分析成为可能，同时延伸到产品体验，给产品加上用户反馈机制（通过感官和越来越多的精神反馈——后者为神经元技术开辟了一个意想不到的领域），并相应地调整本身的自组织功能。集中运用**不同的感官感知**是非常重要的，其中包括语言和视觉的方法和表现，扩展到听觉、肌肉运动知觉、触觉、嗅觉和味觉，再扩展到心理模拟和情绪。解决设计中出现的问题的方法越来越多地需要建立在知识框架内（如学科之间、利益相关者群体、分析思维过程、创造性的过程、认知和情感之间、人与环境耦合系统等不同的子系统之间）的多维感官感知和情感化的界面功能，同时也需要建立起全新的产品感官享受，即通过不同的感官感知去体验一件产品。

数字化时代的人性化设计

当今的设计过程主要依赖的是人与环境耦合系统，因此，人（包括用户、非用户、受影响的人等）是认识和开发过程的中心。换句话说，先做系统理解和涉众分析，然后是作为干预手段的场景开发和产品及过程的生成。了解**物质世界和数字世界的相互作用**对于评估以创新和反馈机制形式出现的系统干预对未来的影响至关重要。

在奥森·威尔斯看来，数字世界中信任的减少和排他性的增强不仅会导致理解的匮乏，而且最终会成为对人类的一种威胁。

协同式工作形式和参与式设计的重要性日益凸显

因为越来越多的设计要依赖计算机网络来进行，设计的复杂性也在不断提高，所以，设计中多视角的交流需要不同学科背景的人员共同参与。社会进步离不开各领域的协同发展，比如技术、产品、服务或社会发展，全面的制度创新或企业和政治纲领的发展。众多社会人士参与的跨领域专家团队形式的**协作过程**正在成为可持续创新发展的成功要素。众志成城是协作成功的先决条件，但还需要相应的**个人、社会文化、创造、专业和系统性技能**的配合。在特定的角色和能力的意义上，承担起自己**学科领域**的责任是至关重要的（成为某一领域的专家意味着要承担起这一领域的责任）。此外，从参与式设计的意义上来说，必须明确主要用户、一般用户、其他利益相关者以及其他专家和社会代表适合在哪一个阶段参与到项目中来。

以过程为导向的创新

未来发展的不确定性不仅需要基于结构化逻辑——理性过程为导向的趋同思维，也需要发散性思维，即通过自由联想找到新的解决方案的能力。通过发散性和收敛性思维的协同作用，以过程为导向的创新形式将成为可能。长期以来，个体创新成果一直是创新的特征，但在现在和未来，越来越多的协同创新成果正在成为可持续创新发展的动力。

顺应力和可持续发展是设计过程中的元目标

目前和过去的社会发展证明，设计应该越来越致力于更高的目标。这些都是与多层面知识整合相关的优势，这些知识整合不仅对新产品和新工艺至关重要，而且对作为社会生存能力的一种干预手段的整体系统创新也至关重要，从而影响到社会的复原力和可持续性。

设计学科的发展方向

设计到底是一个工具还是一个综合发展方法？对于这个问题的回答一直存在很大的争议，可以说答案走向了两个极端：一方面，设计作为一个工具服务于消费社会，目的是使产品和服务更具有吸引力、更美观、更时尚、更容易使用和获得更大的市场；另一方面，设计作为一个综合发展方法，有助于更好地了解复杂的世界及其文化和现实环境，从而确保取得具有深远意义的综合系统性发展。例如，IDEO 设计公司的首席执行官蒂姆·布朗认为，设计应该为当今所面临的巨大挑战提供解决方案，比如全球变暖、教育、健康、安全、供水等问题。对于认知与情感的全面系统性思考与问题解决过程的融合是设计过程的必要前提。

设计如若真的能致力于综合系统性发展和重大创新，那么，它不单纯能为人们的生活提供便利，还能为人们的生活带来诸多改变。诚然，改变还意味着克服内在的惯性和习惯，有时甚至要通过淘汰旧的事物去迎接新的变化。奥匈帝国经济学家熊彼特将这种效应描述为"创造性破坏"，他指出了一个在当时、现在和未来所有发展中都具有或将具有影响力的特征。创新所带来的变化越大，其影响的不确定性就越大，因此，那些从以前的解决办法中获益的人更倾向于墨守成规。忽视了创新的这一特点，无论你的创新具有多么深远的发展潜力，也会很快就夭折了。

未来设计发展成功的关键因素并不只是遵循一定的发展路径，更要遵循下面这个日益重要的方针：基于对当前影响变量的深刻而系统性的理解，设想出未来的图景，由此带来具有经济重要性的创新发展，对真正的可持续发展产生长远和重要的意义。

——**格拉尔德·施泰纳**

格拉尔德·施泰纳教授是多瑙河大学克雷姆斯分校经济与全球化学院院长，2015 年开始讲授"组织传播与创新"课程。2011—2015 年，在哈佛大学做访问学者，并成为熊彼特奖学金教授。来美国职业发展之前，他曾于 2007 年任格拉茨大学系统管理和可持续性管理系的副教授，兼职做系统科学、创新和可持续研究所的负责人之一，2009 年回到系里做专职教师。

在格拉茨的约阿内高等专业学院工业设计系任职期间，他主要讲授设计课程创新管理和系统创新解决问题方法领域的课程，并在学生的项目创新过程中给予过大力支持。

授课之余，他还从事独立的业务活动，主要负责为特种机械工程领域的众多公司提供产品创新和系统创新服务。

2011 年，Gabler‐Research 出版社出版了他的著作《协同创造力的行星模型：复杂挑战的系统性—创新型解决方案》，该书内容主要涉及的是当今社会所面临的巨大挑战。随后他又在国际期刊上发表了多篇文章，还在哈佛大学出版社出版了系列丛书。

索引设计

附录

术语解释

Appearance 外观：产品质量的组成部分，能有意识或无意识地触发产品观看者积极的感官效应。

Animation 动画：这里指的是计算机动画，借助于计算机把设计草图生成一系列连续图像并可动态播放。

Anthropometry 人体测量学：主要研究人体测量和测量比值，是人机工学重要的补充科学。

Brainstorming 头脑风暴：一种激发出创意的系统性方法。团队讨论要遵循一定的规则，比如不使用扼杀性语句，将构想视觉化呈现等。

Briefing 简报（设计简报）：对所有影响产品设计的因素、需求和要求的简明描述或列表，也可以理解为具体设计规范的简化形式。

CAD（Computer Aided Design）计算机辅助设计：利用计算机设计出产品的各个特征。

CAID（Computer Aided Industrial Design）计算机辅助工业设计：根据设计师的需求进行量身定制的系统，比如设计复杂的自由曲面。

CAM（Computer Aided Manufacturing）计算机辅助制造：利用计算机数控（CNC）控制机器的运行，处理生产过程中所需的 CAD 数据，以获得更高的精度和效率。

Clay modeling 油泥模型制作：主要应用于交通设计中的一种常用技术。油泥是一种工业用的类似橡皮泥的黏土，当加热到 50℃ 左右时，它就会变得足够柔软，可以附着在坚硬的泡沫芯上。用刮刀、刮板等工具去除多余的油泥，塑造出所需的形状。

Corporate design 企业设计：创造一个公司的形象（企业识别），同时还要打造出恰当的企业理念。

Corporate identity 企业识别：一个公司的形象不仅要向外传递给客户，还要向内传递给员工。企业形象识别的范围从信纸到产品和建筑。

Design 设计：对全面解决问题过程的周密计划。设计种类包括服务设计、产品设计、车辆设计、系统设计等。本书中所提及的设计是工业设计的简称。

Design model 设计模型：也称展示模型（presentation model），是对未来产品外观的真实呈现，但不具有功能性，由专业建模师制作完成。

Design study 设计习作：对项目的预先设计，经常用于探索新的想法。不过，有些设计习作经过不断的完善后，也能投入批量生产。

Dimension drawings 尺寸图：用素描手段表现出设计各个阶段产品的最关键尺寸的视图。

Ecology 生态学：研究生物体之间以及生物体与其周围环境之间相互关系和相互作用的科学。

Ergonomics 人机工学：也称为人类工程学（human engineering），主要研究环境和产品如何与人相互适应。在设计显示器和操控系统时，人机工学能发挥非常重要的作用。

Ergonomic model 人机工学模型：用来检验人机工学质量的模型，如操作、坐姿、视力状况等。

Esthetics 美学：研究可以被人类通过感官和观察感知到的表象，它不仅包括视觉印象，还包括听觉、触觉等。

Exploded view 爆炸图：将复杂的产品结构中的各个组件清晰明了地显示出来，而其相对位置保持不变的方法。

Face-lifting 翻新：使看起来过时的产品变得时尚。与重新设计不同的是，翻新只局限于改变产品语言的品质，不改变产品的实用功能。

Freedom of form 形式自由：在考虑基本价值观、目标群体关系和类似的限制之后的创作自由。

Function model 功能模型：只关注功能，不关注设计的模型，目的是检查技术功能（机械或电子）的可行性。

Haptic 触感：用整只手去接触而引起的反应，如握住把手等。不要与触觉（Tactile）混淆。

Indicator function 指示功能：产品语义学术语，强调设计要通过相应的符号直接提示出产品的实际功能。

Industrial design 工业设计：对工业生产的产品或系统的周密规划，包含了解决问题的整个过程，其目的是使消费品与用户的需要匹配，同时满足市场、企业识别和与公司利益相关的经济生产的需求。此外，它还是一个文化、社会和生态因素。

Interface design 界面设计：从模拟内容到数字内容的接口设计，包含对显示器、显示界面或触摸屏等实物具体可见的设计，对开关等操作元件的设计，以及对由硬件或软件构成的用户界面的设计。

Interdisciplinary work 跨学科工作：以团队形式进行的现代的、跨学科的工作，与传统的单打独斗形成对比。

Look 外观：能映射出时代精神的外表、风格或时尚。

Mock-up 实物模型：不具备功能性的、全尺寸的设计模型。这个术语最初用于航空领域，指的是不能飞行的全尺寸模型。

Moodboard 情绪板：有时也称为图像板，是为捕捉目标群体的情绪而制作的图片拼贴。他们长什么样？他们在读什么？他们穿什么？他们如何打发闲暇时间？他们买什么产品？它对于开发面向目标群体的产品语言非常有帮助。

Package drawing 总布置图：汽车设计中最重要的部件（如发动机、油箱、底盘）和车内人员的示意图，是胶带图（Tape rendering）的起点。

Pilot lot sample 试点样品：使用新的生产工具制造出的第一个样品，用于生产前的故障检测或修复。

Pragmatism 实用主义：符号与使用者（"用途"）之间的关系。

Product design 产品设计：对日用消费品和资本货物的周密规划，是工业设计的重要领域，同时也用来区别于其他设计学科，如时装设计、交通设计等。

Product language 产品语言：奥芬巴赫设计学院提出的设计理论，认为设计是一种"语言"意义上的交流媒介。"语法"对应美学功能，"内容"对应象征功能。

Product quality 产品质量：指产品为达到某种目的而产生的各种性能和特性。越符合消费者的期望，产品的质量就越高。

Proportional model 比例模型：也称为初加工模型或工作模型，用于检查尺寸和比例的模型，通常由易加工的材料制成，如硬质泡沫塑料、木材或纸板。

Prototype 原型：新开发产品的样品，主要由手工制作完成，它在形式、功能和材料上已经尽可能地符合后来的系列样品。对实际测试和优化生产文件至关重要。

Product analysis 产品分析：根据用户需求（期望）检查产品特性的方法。

Rapid prototyping 快速原型制作：用快速、低成本的方法制作功能齐全的样品，制作工具无须昂贵，对尽可能快速地测试和优化系列产品至关重要。

Redesign 再设计：对现有产品进行创造性地重新设计，目的是在实用功能和产品语言方面增加产品的使用价值或更新产品。

Rendering 渲染：呈现三维图形的方法，通常用马克笔、蜡笔和彩色铅笔手绘。在CAD 和 CAID 中，通过对已制作好的 3D 模型或网格模型进行表面、色彩和材质处理，以实现逼真的质感。

Specifications 规范：与产品相关的所有需求的列表，包括对功能、性能、目标群体、数量、截止日期等的描述，它是一切产品开发的重要前提。

Sustainability 可持续性：源于林业领域的一个术语，意味着收获不多于产出。森林的养护和利用必须长期保持其生物多样性，而且要具备长期的生产能力和再生能力，以便在未来能够持续实现这些功能。

Sustainable design 可持续设计：对更高的生态、社会和经济可持续性做出贡献的设计。

Sustainable development 可持续发展：联合国对可持续发展的定义是既满足当今世界人口的需要又不损害未来几代人的机会的发展。

Scribble 草图：快速完成的手绘草图。

Semantics 语义学：对象征功能的研究，把产品视为意义的载体（"内容"）。

Semiotics 符号学：研究符号的学说。

Simulation 模拟：这里所指的是计算机模拟，只是对功能流程或其虚拟测试的逼真呈现，没有实际存在的模型。

Sketch 手绘草图：主要指手绘的效果图，在交通设计的概念阶段尤为重要。

Stereo lithography 立体光刻：全自动、计算机辅助的模型制作技术。利用激光技术，在很短的时间内制造出最复杂的塑料零件。

Structural model 结构模型：根据概念制作的模型，要显示出承重性和构造有效的结构，以证明强度、安全性和可制造性。

Styling 造型：对产品表面的美化处理。造型的重点是形式而非实用功能，因此往往具有片面的表现特征。在口语用法中，造型常常被错误地等同于设计。

Symbol function 象征功能：产品语义学术语，是指设计通过其对应的象征特征为社会文化背景提供间接参考。它也可以被理解为"拥有者层面"。

Syntactics 语法学：研究词与词之间的关系（"语法/形式"）。

Tactile 触觉：用指尖接触产生的感觉，是设计表面结构、边缘和半径时需要重点考虑的问题。不要与触感（Haptic）混淆。

Tape rendering 胶带图：交通设计中一种主要的技法。利用胶带（各种宽度的自黏性胶带）、车辆轮廓线、发光的边缘线等绘制出半透明的塑料薄膜整车样图。相对于用马克笔绘制的效果图而言，胶带图的优点是所有的线条都可以随时进行修订。

Usability 可用性：产品和系统的可用性。可用性这个术语最初来自人机工学，用来分析人机界面。如今，可用性的意义范围得到扩展，描述人（使用者）和为人而设计的环境之间的所有交互，包括产品、用户界面（屏幕/触摸屏），还有服务和体验。

User interface（UI）design 用户界面设计：对电子领域人机界面的整体设计，特别考虑了人机工学和认知心理学方面的发现。

User experience（UX）用户体验：描述人们在使用产品时的感知和反应，即用户体验。本书中的 UX 指的是用户在使用产品时的情绪、心理和生理反应以及期望。

Utility value 使用价值：就是指产品的质量。在过去，产品的使用价值大多停留在实用或技术功能层面，如今已扩展到美学和象征性层面。

Value analysis 价值分析：是一种全面有效的以功能为导向的系统的检查方法，它能创造出如下的机会：以尽可能低的成本制造出顾客期望的产品或服务的价值，或以同样的价格实现（功能上的）增值。

设计组织 / 网站 / 杂志

设计组织：

世界设计组织（WDO）：	www.wdo.org
欧洲设计协会（BEDA）：	www.beda.org
美国平面设计协会（AIGA）：	www.aiga.org
德国设计师联盟（AGD）：	www.agd.de
国际艺术、设计和媒体学院 / 大学协会：	www.cumulusassociation.org
德国工业设计师协会（VDID）：	www.vidi.de
德国设计委员会：	www.german‑design‑council.de
奥地利设计：	www.designaustria.at
施蒂利亚州创意产业：	www.cis.at
瑞士设计协会：	www.swiss‑design‑association.ch

网站：

汽车设计：	www.cardesignnews.com
	www.cartype.com
	www.simkom.com
技法展示：	www.artbyfeng.com
	www.designstudiopress.com
	www.thegnomonworkshop.com
设计网站：	www.designboom.com
	www.designsojourn.com
	www.idsa.org
	www.stylepark.com
工业设计：	www.designaddict.com
	http://designthinking.ideo.com
	www.dezeen.com
生活方式 / 设计 / 建筑：	www.thecoolhunter.net
	www.wired.com/gadgetlab
材料 / 创新：	www.designinsite.dk
	www.innovationlab.eastman.com
	www.materialconnexion.com
趋势分析：	www.wgsn.com
	www.trendwatching.com

杂志：

Auto&Design（意大利）：	www.autodesignmagazine.com
AXIS Magazine（日本）：	www.axisinc.co.jp
Car Styling（日本）：	www.carstylingmag.com
design4disaster：	www.design4disaster.org
design report（德国）：	www.designreport.de
dezeen, Sustainable Design（伦敦）：	www.dezeen.com/tag/sustainable‑design/
form（德国）：	www.form.de
inhabitat：	www.inhabitat.com
interiormotives（英国）：	www.interiormotivesmagazine.com
Intersection（英国）：	www.intersectionmagazine.com
New Design（英国）：	www.newdesignmagazine.co.uk

推荐图书

设计经典：

Aicher, Otl: die welt als entwurf: schriften zum design, Ernst & Sohn, Munich, 1991
Gros, Jochen: Grundlagen der Theorie der Produktsprache–Einführung, Offenbach, 1983
Klöcker, Ingo: Produktgestaltung, Berlin, 1981
Loewy, Raymond: Hässlichkeit verkauft sich schlecht, Düsseldorf, 1992
Loos, Adolf: Ornament & Vebrechen, (ed. Peter Stuiber) Metroverlag, Vienna, 2012
Papanek, Victor: Design for the real World, Pantheon Books, New York, 1971
Rams, Dieter: Weniger aber besser, Jo Klatt Design+Design Verlag, Hamburg, 1995
Schürer, Arnold: Der Einfluß produktbestimmender Faktoren auf die Gestaltung, Bielefeld, 1974
Sullivan, Louis H.:   The Tall Office Building Artistically Considered, in: Lippicott's, 1896
Winter, Friedrich G.: Gestalten: Didaktik oder Urprinzip, Ravensburg, 1984

设计常用工具书：

Berents, Catharina: Kleine Geschichte des Design,
                      Verlag C. H. Beck, Munich, 2011
Bouroullec, Ronan/Bouroullec, Erwan: Ronan and Erwan Bouroullec,
                      Phaidon Press, London, 2008
Böhm, Florian: KGID: Konstantin Grcic Industrial Design,
                      Phaidon Press, London, 2007
Bürdek, Bernhard E.: Design: Geschichte, Theorie und Praxis der Produktgestaltung,
                      Birkhäuser, Cologne, 2015
Dorschel, Andreas: Gestaltung–Zur Ästhetik des Brauchbaren,
                      Universitätsverlag Winter, Heidelberg, 2003
Erlhoff, Michael/Marshall, Tim: Wörterbuch Design,
                      Birkhäuser Verlag, Basel/Boston/Berlin, 2008
Eisele, Petra: Klassiker des Produktdesign, Reklam, Munich, 2014
Eissen, Koos/Steur, Roselien: Sketching 5th Print: Drawing Techniques for Product Designers,
                      Bis Publishers, Amsterdam, 2007
Fuad–Luke, Alastair: The Eco–design Handbook, Thames & Hudson, London, 2009
Hauffe, Thomas: Geschichte des Designs, DuMont Buchverlag, Cologne, 2014
Krippendorff, Klaus: Die semantische Wende: Eine neue Grundlage für Design,
                      Birkhäuser, Basel, 2012
Morrison, Jasper: Everything but the Walls, Baden, 2006
Nachtigall, Werner/Blüchel, Kurt G.: Das große Buch der Bionik, DVA Verlag, Stuttgart 2003
Papanek, Victor: The Green Imperative: Ecology and Ethics in Design and Architecture,
                      Thames & Hudson, London, 1995
Polster, Bernd: Braun: 50 Jahre Produktinnovationen,
                      DuMont Buchverlag, Cologne, 2005
Stebbing, Peter/Tischner, Ursula: Changing Paradigms: Designing for a Sustainable Future,
                      Cumulus Association (ed.), Aalto University Helsinki, 2015,
                      http://www.cumulusassociation.org/changing–paradigms–designing–for–a–
                      sustainable–future/
Steffen, Dagmar (ed.): Design als Produktsprache: Der Offenbacher Ansatz in Theorie und Praxis,
                      with contributions by Bernhard E. Bürdek, Volker Fischer, Jochen Gros,
                      Verlag form theorie, Frankfurt am Main, 2000
Selle, Gert: Geschichte des Design in Deutschland,
                      Campus Verlag, Frankfurt am Main, 2007
Tedesch, Arturo: AAD Algorithms–Aided–Design,
                      Le Penseur Publisher, Brienza, 2014
Tischner, Ursula et al.: Was ist EcoDesign? , Umweltbundesamt (ed.), 2015,
                      https://itunes.apple.com/de/book/was–ist–ecodesign/id1124326456? mt=11
Tilley, Alvin R.:   The Measure of Man and Woman: Human Factors in Design,
                      Henry Dreyfuss Associates, Berlin, 2002
Welzer, Harald/Sommer, Bernd: Transformationsdesign–Wege in eine zukunftsfähige Moderne,
                      oekom Verlag, Frankfurt, 2014

图片说明

大部分图片来自格拉茨约阿内高等专业学院工业设计系（www.FH - JOANNEUM.at/ide）学生毕业设计或项目设计。公司提供的补充图片已做了相应标记。在对应页面列出了延伸阅读，包含了引文出处。

在此感谢本科生、研究生和多家公司对本书提供的支持。